PHYSIQUE GÉNÉRALE ET PARTICULIERE;

Par M. le Comte DE LA CEPÈDE, Colonel au Cercle de Westphalie, des Académies & Sociétés Royales de Dijon, Toulouse, Rome, Stockholm, Hesse-Hombourg, Munich, &c.

TOME PREMIER.

A PARIS,

DE L'IMPRIMERIE DE MONSIEUR.

Et se trouve

Chez
{
P. Fr. DIDOT le jeune, Imprimeur, quai des Augustins.
DURAND neveu, Libraire, rue Galande.
MÉRIGOT le jeune, Libraire, quai des Augustins.
BARROIS le jeune, Libraire, rue du Hurepoix.
}

M. DCC. LXXXII.

AVEC APPROBATION, ET PRIVILÈGE DU ROI.

TABLE GÉNÉRALE
DE L'OUVRAGE.

Discours sur la manière d'étudier & de traiter la Physique.

LIVRE PREMIER.

LIVRE SECOND.

Des Élémens.

LIVRE TROISIÈME.

De la Mécanique.

LIVRE QUATRIÈME.

De l'Astronomie.

LIVRE CINQUIÈME.

Des Météores.

LIVRE SIXIÈME.

Discours sur les Êtres animés & les Êtres inanimés.

Fin de la Table générale.

APPROBATION.

J'AI lu, par ordre de Monseigneur le Garde des Sceaux, un Ouvrage qui a pour titre : *Physique générale & particulière, par M. le Comte DE LA CEPÈDE,* Je n'y ai rien trouvé qui puisse en empêcher l'impression. À Paris, ce 7 juin 1782. SAGE.

Le Privilège sera imprimé dans un des Volumes suivans.

PHYSIQUE

PHYSIQUE
GÉNÉRALE
ET PARTICULIÈRE.

Me verò primùm dulces ante omnia Musæ,
Quarum sacra fero ingenti perculsus amore,
Accipiant, cœlique vias & sidera monstrent ;
Defectus solis varios, lunæque labores ;
Unde tremor terris ; quâ vi maria alta tumescant
Obicibus ruptis, rursùsque in se ipsa residant ;
Quid tantùm Oceano properent se tingere soles
Hyberni, vel quæ tardis mora noctibus obstet.
VIRG. Georg. lib. ij.

DISCOURS

Sur la manière d'étudier & de traiter la Physique.

LA physique est la science de la nature. Non-seulement son objet est d'observer les différentes substances que l'univers renferme, d'en connoître l'extérieur &

la superficie, de les distinguer les unes
des autres, & d'en remarquer les caractères les plus saillans ; mais elle doit en
rechercher toutes les propriétés, toutes
les qualités, toutes les forces. Il faut que
le physicien découvre les rapports de
ces diverses substances : il doit donc savoir quel degré d'action elles peuvent
avoir les unes sur les autres ; & par conséquent, il doit dévoiler les ressorts des
phénomènes qu'elles produisent, assigner
les lois qui les régissent, montrer enfin
les causes qui gouvernent l'univers.

La première loi de la nature ne peut
être qu'une des propriétés, ou un des
rapports des diverses substances qui composent cet univers. Si l'esprit humain
pouvoit s'élever assez haut, le physicien
devroit donc déployer l'immense chaîne
de tous les êtres, leur assigner à chacun
leur place, leur caractère, leur pouvoir ;
découvrir le premier anneau auquel tous
les autres se lient, & dont ils reçoivent
leurs propriétés, leurs vertus & leurs
forces ; & faire voir ainsi la première
cause de tout mouvement, de toute action & de toute existence.

Toutes les sciences naturelles appartiennent donc au physicien : l'astronomie,

la minéralogie, l'hiftoire des poiffons, celle des animaux terreftres, l'infectologie, la botanique, la chimie, la médecine, ne font donc que des branches de l'immenfe fcience dont nous allons nous occuper ; & fi le phyficien avoit reçu de la nature un génie affez vafte & un temps proportionné à fa deftination, il devroit donc cultiver tous les différens rameaux que je viens d'indiquer. Que font, en effet, ces fciences, fi ce n'eft la connoiffance des propriétés & des rapports des différens corps dont elles s'occupent? Qu'eft-ce que l'aftronomie, fi ce n'eft la fcience qui traite de la fituation, du nombre, de la grandeur, de la nature des corps céleftes ; qui détermine les routes qu'ils parcourent, c'eft-à-dire les rapports de leurs diftances fucceffives; qui calcule les phénomènes qu'ils produifent, & découvre les lois qui les régiffent ? Qu'eft-ce que la minéralogie, fi ce n'eft l'énumération & la connoiffance des minéraux que la terre renferme, ou que fa furface nous offre; fi ce n'eft la fcience de leurs rapports & de leurs propriétés? Et pour ne pas nous attacher à développer une preuve que tout le monde peut donner, qu'eft-ce que

A ij

la botanique, confidérée fous le point de
vue le plus vafte, que la connoiffance
de tous les végétaux qui croiffent fur
notre globe, l'expofition de leur ordre,
c'eft-à-dire de leurs rapports, la fcience
de leurs propriétés & de léurs vertus,
l'explication des phénomènes qu'ils nous
offrent ? Toutes ces connoiffances ne
font-elles pas celles que le phyficien fe
propofe d'acquérir, & les êtres dont ces
fciences s'occupent, ne font-ils pas auffi
ceux que le phyficien contemple, puifque fa vue doit s'étendre fur la nature
entière ?

Mais il a été départi trop peu de temps
à l'homme, fa vie eft trop courte & fes
inftans trop partagés, pour que le phyficien puiffe lui feul parcourir tous les
détails de toutes les fciences naturelles.
Du peu d'années que la nature lui ac-
corde, les unes font perdues par la foi-
bleffe de l'enfance, ou par l'impétuofité
de la jeuneffe; d'autres deviennent inu-
tiles au milieu des infirmités d'une vieilleffe débile & languiffante : le fommeil
& les autres befoins phyfiques arrachent
à l'homme la moitié des années qui s'é-
coulent entre la jeuneffe & la vieilleffe;
heureux encore s'il pouvoit difpofer au

gré de fon génie, des inftans qui lui reftent ! Mais des devoirs exigeans, des foins multipliés, de funeftes revers, arrachent fon ame à elle-même, & l'empêchent de jouir de ce calme néceffaire à la contemplation & à l'étude de la nature : les peines amères, les chagrins rongeurs fe joignent à la foule des mifères humaines ; & d'une vie très-courte, que refte-t-il à l'homme ? Quelques inftans fugitifs, coupés par de grands intervalles, interrompus par des travaux étrangers & dégoûtans, qui ne permettent à fon génie que des productions tout auffi interrompues, & par conféquent fans force ; inftans le plus fouvent malheureux par le fouvenir des mifères paffées, ou la crainte des malheurs à venir, & que des maux préfens, les maladies & la douleur, viennent encore lui arracher. D'ailleurs, le génie du phyficien, accablé fous l'immenfité des détails de toutes les fciences, auroit-il confervé affez de forces pour la contemplation de grands objets ? Il a donc dû fe refufer, pour ainfi dire, à la connoiffance des détails de certaines fciences, & fe renfermer dans celles dont les principes tiennent plus immédiatement aux lois

générales de la nature, qu'il s'eſt principalement réſervées comme ſon domaine. Il n'a cependant pas détourné
entièrement ſes regards de deſſus les
différentes ſciences dont il a abandonné
les objets trop particuliers. Il a toujours
aſſigné les cauſes des effets dont elles
s'occupent, & les grands rapports d'a-
près leſquels elles doivent ranger les objets de leurs études ; il a toujours indiqué à ceux qui les cultivent, la voie
qu'il falloit tenir ; & lorſque les grands
génies qui les font fleurir, s'élèvent de
la connoiſſance des choſes particulières
à des vues plus générales, dès-lors ils
ne ſont plus purement aſtronomes, mé-
decins, minéralogiſtes ; ils ſont de vrais
phyſiciens, & ont cet avantage ſur les
phyſiciens proprement dits, que la connoiſſance des détails qu'ils ont étudiés,
eſt pour eux un grand moyen de voir
de plus près les cauſes générales, de
découvrir les choſes cachées, d'éclairer
les obſcures, & de fixer les douteuſes,
au milieu des grands principes de la nature, au milieu de ces grands objets de
l'étude du phyſicien.

C'eſt ſous ce point de vue qu'on doit
voir la phyſique lorſqu'on veut l'étudier :

il eſt moins vaſte que celui que nous avons d'abord établi ; mais il eſt plus étendu qu'aucun de ceux ſous leſquels les modernes l'aient conſidérée. C'eſt d'après ces principes qu'il faut reculer les limites de la ſcience ; & ce ſont ceux qui nous ont guidés dans notre travail. Mais, en cultivant ce vaſte champ auquel nous tâcherons de rendre toute ſa grandeur, les phyſiciens doivent toujours conſidérer que l'objet de leur ſcience n'eſt pas uniquement de décrire & de reconnoître les différens corps de la nature, mais de rechercher les propriétés & les rapports des ſubſtances, & d'en déduire l'explication de leurs phénomènes. D'après cela nous avons embraſſé dans notre phyſique, la conſidération & la recherche des lois générales de la nature, c'eſt-à-dire des propriétés & des rapports les plus généraux des corps qui la compoſent : nous en avons fait l'application à toutes les ſciences naturelles, & nous avons ſuivi particulièrement en détail celles qui s'occupent d'objets plus généraux, ou qui ont une liaiſon plus intime avec les premiers principes que nous avons établis. Mais pour donner une idée plus nette de notre travail, & pour montrer l'ordre

que nous avons cru devoir fuivre, expofons en détail la fuite & la liaifon des
différentes parties de notre ouvrage : par-
là nous déterminerons dans ce difcours,
les objets que le phyficien doit confidérer, & l'ordre qui doit régner parmi
ces objets. Nous tâcherons enfuite, dans
ce même difcours, d'établir le point de
vue fous lequel il doit les examiner, les
inftrumens dont il peut s'aider dans fes
recherches, les qualités que fa deftination exige, & la manière dont il doit
conftruire fes ouvrages, pour qu'on n'ait
jamais befoin de les remplacer.

Avant de nous occuper des êtres phyfiques, nous avons dû fixer quelques idées
fur ce qui conftitue le fonds & la bafe de
tous les êtres, fur la matière en général,
dont toutes les fubftances ne font que des
formes & des modifications : nous avons
examiné fes propriétés générales. Mais
avant de la confidérer, nous avons dû
nous occuper du lieu de fon exiftence ;
& après l'avoir obfervée, nous avons dû
examiner la fuite de fon exiftence. De-
là font venus pour nous ces grands noms,
efpace, *temps* ; ces fignes de deux idées
qui, dans la nature, comme dans notre
imagination, font fufceptibles de toutes

les nuances depuis l'infiniment grand, jufqu'à l'infiniment petit ; ces images de deux étendues au milieu defquelles notre efprit fe perd, avec cette différence cependant, que dans l'efpace il peut s'égarer dans tous les fens, parce que l'efpace fuppofe toutes les dimenfions, au lieu que dans le temps il ne fe perd que fur une ligne unique, & parce qu'il n'en peut atteindre les extrémités : *efpace*, *temps*, grands mots qui, renfermant à-la-fois des idées vagues & des idées fublimes, ne peuvent jamais être prononcés fans agrandir l'efprit, fans élever l'ame, & fans la remplir d'une efpèce d'admiration religieufe. Nous avons parlé de ces trois grandes chofes dans cet ordre, l'*efpace*, la *matière*, le *temps*.

Nous avons confidéré la matière réunie, & formant les différens corps de la nature, & nous avons examiné leurs propriétés générales. Les phénomènes de l'attraction, la cohérence, les diffolutions, les combinaifons, les criftallifations, le mouvement, fes différentes efpèces & fes lois, la pefanteur de tous les êtres, l'action des fubftances fluides, les lois particulières qui les régiffent, la preffion qu'elles exercent fur les fonds des vafes qui les renferment, ou contre les côtés de ces mêmes vafes, leur réfif- tance, leur élafticité, leur compreffi- bilité, &c.; tous ces objets ont été en- fuite ceux de nos recherches : objets grands, vaftes, élevés, dignes de tous les efforts de l'efprit humain. Mais telle eft notre condition, que les chofes qui, par leur grandeur & leur fublimité, mé- ritent le plus notre curiofité & nos tra- vaux, font celles que nous pouvons le moins connoître. Elles occupent l'extré- mité d'une chaîne dont à la vérité nous faifons partie, mais dans laquelle nous fommes placés à une très-grande dif- tance du premier anneau, & dont nous ne pouvons guère juger, par le moyen de nos fens, que les êtres qui nous tou- chent de très-près. Notre imagination feule peut, en quelque forte, atteindre aux chaînons éloignés; & qu'eft-ce que notre imagination feule pour nous don- ner des connoiffances certaines ?

De ces grandes hauteurs, de ces confi- dérations générales, nous avons fait un pas en defcendant vers des chofes moins générales, & nous nous fommes arrêtés pour obferver avec foin, & examiner fous toutes leurs faces, les quatre fubftances auxquelles on a donné jufqu'à préfent le nom d'*élément*, & qui fervent à compofer tous les corps. Le feu a paru le premier : fa nature, fes propriétés, fes altérations, fes diverfes manières d'agir, fon efclavage, fon état de liberté, fes affinités, fa quantité dans les diverfes fubftances, ont fixé nos regards & été l'objet de nos travaux. L'air, l'eau & la terre font venus enfuite : nous les avons, dans notre imagination, réunis, divifés & comparés ; nous les avons confidérés dans leurs deux grandes manières d'être ; nous les avons vus former des corps folides & jouir peut-être plus pleinement de leurs droits ; & nous les avons examinés, lorfque, foumis à l'action du feu, ils ne font plus que des élémens fluides & des fubftances liquides. Nous avons tâché de dévoiler leur nature, d'affigner leurs propriétés, de remarquer leurs diverfes modifications, de fixer leurs affinités ; enfin, de déterminer leur influence dans la compofition des êtres, & la proportion dans laquelle ils doivent y entrer. Cela m'a donné lieu de parler du fon, de fes divifions, & de l'harmonie que ces divifions ont fait naître.

Ici s'eft préfenté à nous cet être par-

A vj

riculier, ce fluide remarquable que tant de philofophes ont regardé comme la fubftance la plus pure, & que la raifon humaine, livrée à elle-même, prit quelquefois pour une portion de la divinité. Nous avons confidéré la lumière, cet être qui chaque jour paroît produire de nouveau l'univers à nos yeux, & nous retrace l'image de la création : fans elle nous ne pourrions atteindre qu'à quelques points autour de nous; renfermés dans un cercle étroit, ayant à peine l'idée d'un efpace plus vafte, nous traînerions avec lenteur une exiftence privée des jouiffances les plus agréables. Nous avons reconnu fes propriétés, foupçonné fa nature, affigné fes affinités, expofé fes admirables phénomènes. Nous l'avons vue fe divifer entre les mains des hommes, & nous offrir les différentes couleurs; fe réfléchir fur les furfaces unies, & réunir fes rayons en jailliffant de deffus les furfaces concaves, ou en paffant au travers des corps tranfparens & convexes : par tous ces différens moyens, les feux du foleil ont été allumés fur notre globe, le fpectacle de l'univers a été multiplié, notre vue agrandie, & étendue prefque jufqu'au dernier des aftres qui brillent dans les cieux. Nous avons tâché de rapporter tous les phénomènes connus d'optique, de dioptrique & de catoptrique, & d'y en ajouter de nouveaux.

Mais à mesure que nous avançons, nos pas sont affermis, non-seulement par l'exercice de nos forces, mais encore par la nature de la route que nous tenons. Les objets nous présentent plus de faces par lesquelles nous pouvons les saisir ; ils agissent avec plus de force sur nos sens ; ils sont plus soumis à leur examen ; & au lieu de les atteindre uniquement par la pensée, nous pouvons les voir & les manier véritablement, résoudre les doutes par des expériences, & appuyer nos raisonnemens sur un plus grand nombre de faits.

L'ordre dont je viens de me servir m'a paru le plus naturel. Ne devons-nous pas en effet, après avoir examiné la matière en général, considérer les substances les plus simples de toutes celles que la nature nous offre, & celles que l'art peut ramener au plus haut degré de simplicité ? Ces connoissances ne doivent-elles pas précéder l'examen de la lumière & de ses propriétés, puisqu'elle nous paroîtra peut-être composée de quelques-unes

des substances que nous avons examinées
avant de l'étudier ? & cependant la lumière étant, après les élémens, le plus
simple de tous les êtres, & servant à la
composition de presque tous les corps,
n'avons-nous pas dû chercher à la connoître, avant de nous avancer vers les
autres substances ?

C'est pour aller toujours du plus simple au plus composé, pour parler des
êtres suivant le degré qu'ils occupent
dans la grande échelle de la nature, &
pour nous conformer, ce me semble,
à la manière la plus facile dont l'esprit
humain puisse acquérir des connoissances, qu'après avoir traité de la lumière,
nous parlons de l'électricité & de ses phénomènes particuliers : nous exposons la
nature du fluide électrique, ses affinités,
les effets qui en découlent, & particulièrement les faits remarquables qu'il offre
dans l'expérience de Leyde & dans les
électrophores. Nous attendrons d'être
plus avancés, pour contempler les grands
effets qu'il produit entre les mains de
la nature ; & j'ai cru d'autant plus pouvoir séparer les différentes choses qui regardent le fluide électrique, que j'ai déja
réuni sous un seul point de vue, dans un

ouvrage particulier, prefque tout ce que j'ai cru pouvoir le concerner.

Nous parlons enfuite du magnétifme, c'eft-à-dire de la nature, des propriétés, & des différens effets du fluide magnétique. Nous faifons fuccéder à ces recherches, l'examen du principe qui agit fur l'odorat & fur le goût, ces fens qui nous procurent les jouiffances les plus intimes; & comme l'on connoît d'autant mieux les objets, qu'on les compare avec plus de foin, nous tâcherons de faire un parallèle exaɛt de la lumière, du principe du fon & de celui des odeurs; peut-être ce nouveau point de vue nous fera-t-il découvrir quelques vérités.

Les différentes efpèces de vapeurs connues par les chimiftes modernes fous le nom de *gas*, qui jouiffent de plufieurs propriétés de l'air commun, & en ont fouvent porté le nom, nous occuperont enfuite. C'eft alors que nous examinerons les fluides qu'on a nommés *air fixe*, *air nitreux*, *air inflammable*, &c. & dont la découverte & la connoiffance ont fait faire un grand pas à la fcience de la phyfique. Ils nous conduiront à expliquer les phénomènes intéreffans que les différens corps nous offrent lorfqu'ils brûlent.

Ici nous rappellerons quelques - unes des lois du mouvement que nous aurons déja confidérées ; nous en déduirons de nouvelles lois ; &, munis de ces connoiffances préliminaires, nous verrons, en quelque forte, une feule loi de la nature fervir à multiplier les forces de l'induftrie humaine, faire élever les fardeaux les plus lourds, à l'aide des moyens les plus fimples & des mobiles les moins puiffans ; aider l'homme dans tous fes befoins, multiplier fon temps & fa puiffance, fuppléer au nombre dans fes grands travaux & dans fes plus délicates opérations ; rendre enfin l'art l'égal de la nature. Nous tâcherons d'expofer les principes de la fcience qui recherche toutes les conféquences & toutes les applications de cette loi féconde. Nous examinerons avec foin les effets produits par le frottement des diverfes parties des machines, fes différentes efpèces, fes rapports avec les furfaces & les poids de ces mêmes parties. Nous ferons l'application de tout ce que nous avons expofé aux machines les plus intéreffantes, les plus utiles, & qui nous paroîtront être les plus beaux monumens des reffources & de l'intelligence humaines.

Afin de traiter des principes des machines de toute efpèce, d'expofer la
fcience des mécaniques dans toute fon
étendue, & de ne pas laiffer incomplète
une partie fi intéreffante de la phyfique,
nous parlerons de la mécanique appliquée aux fluides, & qui a reçu le nom
d'*hydraulique*, foit qu'elle agiffe fur les
fluides, ou qu'elle en tienne fon action :
les différentes pompes, celles que l'eau
fait mouvoir, celles que les bras de
l'homme mettent en mouvement, &
celles qui tiennent leurs forces de l'action du feu, nous occuperont particulièrement, ainfi que plufieurs machines hy-
drauliques.

Mais nous avons établi affez de principes, & nous nous fommes affez arrêtés
fur un point de vue où les premières fubftances de la nature, où les principes des
différens corps font confidérés comme féparés & diftincts les uns des autres, & ne
préfentent en quelque forte à nos yeux
aucun des compofés que l'univers renferme. Nous avons affez examiné féparément les diverfes parties qui forment
le fquelette de la nature ; réuniffons ces
parties, revêtons-les de leur brillante parure, & compofons-en ce corps immenfe,

animé, parfait, qui conftitue proprement cette nature puiffante.

Quel fpectacle magnifique s'étale à nos yeux ! Nous voyons l'univers fe déployer & s'étendre ; une foule innombrable de globes lumineux par eux-mêmes y rayonnent avec fplendeur ; une foule tout auffi innombrable de corps opaques & obfcurs, circulent majeftueufement autour de ces foleils. Nous déterminerons, s'il eft poffible, l'origine des globes opaques & errans ; & pour pouvoir porter une vue plus affurée fur ces aftres obfcurs, nous retirerons nos regards de l'immenfité de l'efpace, & nous les fixerons fur l'empire de notre foleil : nous tâcherons d'expofer les refforts qui en font mouvoir les différentes parties, les lois qui les régiffent, le cours que doivent fuivre les globes fecondaires que l'aftre de feu maîtrife & fléchit par fa puiffance, les bornes qui ont été prefcrites à leurs révolutions, la force que nos comètes & nos planètes exercent les unes fur les autres, les différens phénomènes qu'elles préfentent, les éclipfes qu'elles font naître ; &, tout en nous rapprochant de la petite planète que nous habitons, nous verrons la lumière zodiacale qui fe peint

dans le ciel en pyramide blanchâtre, &
l'aurore boréale qui y déploie glorieufe-
ment fon arc enflammé & brillant des
plus vives couleurs. Nous achèverons de
defcendre fur notre terre ; nous décri-
rons fa furface & la petite partie de fon
intérieur qui nous eft connue ; nous affi-
gnerons la caufe des faits intéreffans &
remarquables que nous y obferverons :
fa pofition, fon inclinaifon relativement à
l'écliptique, nous donneront l'origine de
l'inégalité des jours & des faifons. Toutes
les caufes qui peuvent allumer des feux
dans fon fein, ébranler fes fondemens,
crevaffer fa furface, vomir des torrens de
flamme & de matière fondue, creufer des
abîmes & y engloutir des provinces en-
tières, feront indiquées à leur tour ; &,
pour faire fuccéder des points de vue
agréables à des afpects horribles, nous
ferons paroître à la fuite de ces caufes
de deftruction, celles de la fertilité des
terres & de l'heureufe abondance.

La partie du globe, recouverte par les
eaux, fera auffi examinée ; les différentes
propriétés des eaux de la mer, la caufe
de leur falure, leur flux & leur reflux, les
phénomènes journaliers qu'elles préfentent, les phénomènes plus rares qu'elles

nous offrent, feront expofés, & ils nous conduiront naturellement à parler des divers météores qui viennent ajouter de nouveaux charmes aux beaux jours de la terre, ou en troubler la férénité. Plufieurs puiffances agiteront l'air à nos yeux, & feront naître les ouragans ou les zéphirs légers : diverfes exhalaifons s'élèveront du fein du globe ; elles exerceront de douces influences, fomenteront les pro- ductions de la terre, ferviront à les dé- velopper & à les faire croître ; ou, mi- niftres de la mort & de la deftruction, ces fouffles peftilentiels dévoreront tout fur leur paffage, & la furface de la terre fur laquelle ils s'étendront, ne fera jon- chée que de cadavres & de reftes infects.

L'eau fe gèlera devant nous, & nous verrons la figure que cette fubftance pré- fente lorfqu'elle fe confolide, les phéno- mènes qu'elle produit alors, les aiguilles qu'elle forme, les différens angles qu'elle offre, l'efpèce de fel qu'elle conftitue.

Les vapeurs s'élèveront, diftilleront le matin une douce rofée, ou tomberont le foir en ferein épais : tantôt, formées en brouillards, elles envelopperont le globe de ténèbres épaiffes, & préfenteront l'i- mage d'une mer univerfelle qui auroit en-

vahi la terre : tantôt, faifies par le froid &
gelées, elles s'attacheront aux toits des
édifices & aux branches des arbres ; elles
y demeureront fufpendues fous la forme
de concrétions bizarres ou régulières, qui
par mille facettes réfléchiront une lumière diverfement colorée, lorfque les
premiers rayons du foleil levant tomberont fur leurs lames de glace. Plus haut,
elles fe raffembleront en nuages, vague-
ront pendant quelque temps au gré des
vents, fe gèleront à demi, & formeront
en tombant ces efpèces d'affemblages imparfaits de petites aiguilles de glace, ces
réunions, pour ainfi dire foufflées, po-
reufes, peu cohérentes & légères, auxquelles on a donné le nom de neige.
Quelquefois, étant gelées & encore fufpendues dans les airs, non - feulement
elles renverront les feux & la lumière du
foleil, mais elles réfléchiront fon image,
& feront paroître plufieurs foleils dans
les cieux. Ici elles fe ramaffent fans fe
durcir & fans fe confolider, & tombent
en pluie abondante : elles s'infinuent dans
le globe par les fentes de fa furface, par
les anfractuofités des rochers, par les pores des terres fpongieufes, par les intervalles qui féparent les grains de fable ; elles

fuintent au travers des pierres qu'elles dif-
folvent ; elles fuivent les différentes routes fouterraines que la main de la nature
leur a ouvertes, & vont occuper les réfervoirs que cette même nature leur a
préparés dans les creux des montagnes.
Lorfque ces baffins font remplis, elles fe
précipitent dans des canaux, ou font élevées par des efpèces de pompes naturelles, pour couler entre deux terres en
torrens plus ou moins rapides ; elles paroiffent enfin à la furface du globe, y donnent naiffance aux fontaines, rafraîchif-
fent la verdure de la terre, & en abreu-
vent les habitans. Les eaux des fources
qui jailliffent fur les hauteurs, s'épanchent
dans les vallons : elles en fuivent le penchant, & forment un ruiffeau qui bientôt fe réunit à d'autres. A mefure qu'il
avance, il reçoit des flots de nouvelles
vallées : infenfiblement, & toujours par
le même moyen, il devient une rivière
plus ou moins large ; il arrofe des cam-
pagnes étendues, fait communiquer enfemble les pays éloignés, & répand fans
ceffe fur fon paffage la fertilité & l'abondance. Cependant fes eaux augmentent,
fon lit s'élargit, fes ondes coulent plus
majeftueufement ; bientôt, fleuve im-

menfe, il couvre une vafte étendue de terrain de fes flots amoncelés qu'il roule vers la mer : heureux les habitans de fes bords, lorfque fes eaux ne font qu'engraiffer leurs terres, & les tranfporter paifiblement aux lieux où leurs defirs les appellent ! Mais, tant il eft vrai que les plus grands biens font toujours mêlés avec les plus grands maux, fouvent ces mêmes réfervoirs, fitués dans les montagnes, fe rempliffent d'une trop grande quantité d'eaux, que des pluies trop abondantes leur apportent ; les fources ne jailliffent plus qu'à flots précipités, elles ne font plus couler que des torrens impétueux : les ruiffeaux deviennent des rivières, les rivières des fleuves, & les fleuves, pour ainfi dire, une mer univerfelle, qui, en inondant même les endroits les plus élevés, porte au loin l'effroi, le ravage & la deftruction.

Ainfi fe formeront à nos yeux les fontaines & les rivières ; ainfi nous verrons les fleuves foulever pacifiquement leurs eaux ou les rouler en tyrans furieux jufqu'à la mer, cet immenfe amas dont elles s'étoient élevées en vapeurs, pour tomber en pluie fur les montagnes.

Nous verrons ces mêmes vapeurs en-

core suspendues en forme de nuages, recevoir les rayons du soleil peu élevé sur
l'horizon, les réfracter, les décomposer
dans l'intérieur des petits globules qu'elles
forment, nous les renvoyer divisés en
sept couleurs primitives, & en former
un arc brillant dont le ciel se colore.

D'autres fois, lorsqu'une très-grande
quantité de fluide électrique est répandue
dans l'air, & que les orages y règnent,
les gouttes d'eau non-seulement se ra-
massent en pluie, mais se condensent en
grêle, se gèlent, se durcissent, & tombent avec bruit en morceaux plus ou
moins gros, durs & pesans. Nous sui-
vrons les vapeurs dans toutes leurs métamorphoses. Les exhalaisons d'un autre
genre nous occuperont aussi; elles s'uni-
ront au fluide électrique pour faire briller
des feux follets; nous verrons ensuite les
orages se former, faire jaillir leurs éclairs
& tonner leurs foudres, & les trombes,
tant terrestres que marines, venir mêler
leurs forces destructives & leurs terribles
phénomènes, à ceux que présentent les
orages.

Alors nous porterons des regards plus
attentifs sur la surface du globe; nous
pourrons examiner de plus près & mieux
connoître

connoître les êtres qui la compofent, qui
l'ornent ou qui la foulent. Nous jetterons un coup d'œil rapide fur les différens afpects du globe, pour établir pour
ainfi dire le lieu des fcènes que nous expoferons enfuite. Les êtres animés & les
êtres inanimés fe préfenteront à nous en
foule, confondus & mêlés : nous les di-
viferons en deux grands empires. Nous
commencerons par parcourir celui des
êtres animés. Nous nous occuperons d'a-
bord des grands faits, des grandes manières d'être, qui leur font communs à tous ;
de la vie, de la génération, de la nutri-
tion, du développement, de la deftruction : grandes chofes dont les noms font
dans la bouche de tout le monde , dont
les phénomènes font en nous & continuellement fous nos yeux, & dont l'idée
nette & diftincte eft fi peu dans notre
efprit. Pour mieux confidérer les êtres
animés, nous diftinguerons deux grandes
parties dans leur empire : nous mettrons
dans l'une les êtres doués de fentiment,
que nous nommerons *animaux* ; & nous
placerons dans l'autre ceux qui en font
privés, & que nous nommerons *végétaux*.
Nous comparerons avec foin les changemens & les métamorphofes que toutes les

Tome I.   B

eſpèces d'animaux & de végétaux éprouvent tous les ans. Nous nous avancerons
vers les animaux : nous remarquerons en
eux une grande qualité, un pouvoir remarquable preſque commun à tous : celui
de changer de place. Cette faculté modifiée de différentes manières, nous four-
nira de nouvelles diviſions dans la première partie de l'empire des êtres animés,
& nous ſervira à y tracer pour ainſi dire
des provinces particulières. Ces modifications ſont le pouvoir de *marcher*, que
l'homme & les quadrupèdes ont reçu; celui de *nager*, accordé aux poiſſons; celui
de *voler*, donné aux oiſeaux; & celui de
ramper, départi aux ſerpens & aux autres
reptiles. Ce n'eſt pas que l'homme ne
puiſſe nager, que les oiſeaux ne puiſſent
marcher, &c.; mais il nous ſuffira pour
notre diviſion, que l'homme marche plus
ſouvent & plus naturellement qu'il ne
nage, &c. Ce n'eſt pas encore que les
facultés de marcher, de voler, de nager
& de ramper, ne ſoient uniquement,
ainſi que nous le verrons, des manières
de marcher avec des points d'appui différens; mais ne nous ſuffira-t-il pas, pour
atteindre au but que nous nous propoſe-
rons, que ces manières de marcher ſoient
diſtinctes l'une de l'autre?

A une diſtance immenſe du premier des animaux, nous appercevrons l'*homme*, cet être privilégié qu'il nous importe le plus de connoître, même *au phyſique*; cette machine merveilleuſe qu'un ſouffle immortel anime; cet être annobli à qui la faculté de penſer a été accordée; cet être glorieux qui dès-lors a reçu le droit & le pouvoir de commander, qui par ſon ame ſpirituelle, & preſque divine, a ſoumis la matière, calculé le temps, meſuré l'eſpace, peſé l'univers, fertiliſé la terre, dompté les animaux utiles, vaincu les animaux féroces & carnaciers, & par tous ces travaux a mérité de s'aſſeoir ſur le trône de la nature, & d'en ceindre le diadême.

Ne devrons-nous pas parler de la ſtructure de l'homme, des reſſorts qui le font mouvoir, des différentes manières dont il exécute ſes mouvemens, de la reſpiration, de la circulation du ſang, des ſens dont il eſt doué, des ſenſations que les ſens produiſent, des paſſions qu'ils font naître? Nous verrons ces mêmes paſſions ſe joindre aux beſoins qui dans le fond ne ſont que des paſſions, & faire naître le chant & le langage que des haſards & des conventions auront enſuite étendus

ou altérés. Ne devrons-nous pas déterminer pourquoi la parole, cette noble
faculté qui feule auroit donné l'empire
à l'homme fur le refte des animaux, n'appartient qu'à lui ? Après l'avoir examiné
en général, ne devrons-nous pas le fuivre dans fes différens états particuliers ?
Nous le verrons dans fon état de fœtus ;
nous l'obferverons au milieu des pleurs de
la première enfance, des ris & des jeux
d'une enfance plus avancée, du trouble
& des agitations d'une jeuneffe ardente,
du calme de l'âge viril, des infirmités de
la vieilleffe, & de la caducité de la dé-
crépitude. Parvenu à ce long terme, il
achève de fe flétrir, tombe & difparoît
pour faire place à des générations nouvelles. Le long fommeil dans lequel il
s'endort, nous conduira à parler du fommeil paffager qui chaque jour vient rendre à fon corps les forces qu'il avoit perdues, le calme à fon efprit, le repos à
fon cœur, & au milieu des illufions duquel l'ame contemple & poffède fouvent
le bonheur qu'elle defire, & oublie que,
peut-être, elle doit en être privée à jamais.

Au - delà de l'homme & des quadrupèdes, fur les phénomènes defquels nous

jetterons un coup d'œil rapide, se présentent les animaux qui n'ont en quelque sorte reçu que le pouvoir de ramper, & qui ne peuvent faire usage de la faculté de changer de place, qu'en se traînant avec plus ou moins de force, d'agilité & de vitesse, les uns en se servant d'un nombre plus ou moins grand de pattes petites & très-courtes que la nature leur a données, & les autres uniquement par une suite de la structure & de l'organisation de leurs corps.

Ici s'offrent les insectes rampans & dépourvus d'ailes, les lézards, les crocodiles, les iguanes, les serpens, ces animaux souvent funestes & destructeurs, que la nature a doués d'une très-grande force, en les parant des couleurs les plus riches, & auxquels elle a encore souvent donné une grandeur démesurée. La composition & l'organisation de leurs corps, la nature de leur venin, la manière dont leurs différens mouvemens s'exécutent, leurs espèces de métamorphoses, les causes de l'énergie de leur principe vital, tous ces objets seront étudiés. Nous examinerons ensuite les animaux auxquels le pouvoir de voler a été particulièrement accordé; la nature des oiseaux, leurs qua-

lités générales, leurs attributs, leurs principales claffes, leur organifation, leurs
facultés, leurs talens, nous occuperont ;
& nous ne quitterons pas cette divifion,
fans examiner avec le même foin les différentes efpèces d'infectes ailés. Nous ne
chercherons pas à les nommer tous, à
les claffer, à en faire une hiftoire complète : ce ne peut être le but que des
infectologiftes, pour les raifons que nous
avons données ; mais nous nous occuperons de leurs travaux ; nous tâcherons
d'affigner les caufes de leurs petits mouvemens, de les repréfenter dans leurs diverfes métamorphofes, de découvrir le
rapport de force que leurs fens peuvent
avoir les uns avec les autres, le nombre
de ces mêmes fens, les effets qui doivent en réfulter ; & nous chercherons
enfin à établir les principes d'après lefquels on doit les claffer & en faire l'hiftoire.

Ici nous paffons d'un élément à l'autre. C'eft au milieu du vafte fein des
mers, c'eft au milieu des eaux, des fleuves & des fontaines, que nous allons
chercher les objets de nos obfervations.
Nous examinerons les êtres qui ont principalement reçu le pouvoir de nager, &

qui preſque tous ne peuvent changer de place, qu'en frappant avec quelques parties de leurs corps l'élément élaſtique de l'eau. Quel nombre d'objets n'auronsnous pas à conſidérer ! Et parmi tous ces êtres, quelle diverſité de grandeur, de forme, de ſtruĉure, de tempérament, de force, d'armes, d'induſtrie, depuis la peſante baleine, qui joint à une force prodigieuſe une longueur de deux cens pieds, juſqu'à l'inſeĉte marin qui bâtit le corail & les madrépores ! Les uns, renfermés dans une dure coquille, ne peuvent ſe traîner qu'avec peine, au lieu de nager avec agilité ; d'autres vivent miſérablement & meurent attachés au rocher qui les a vus naître : ceux-là, plutôt reptiles que poiſſons, ont leurs corps à couvert des chocs & des attaques ſous une eſpèce d'armure & de cuiraſſe épaiſſe ; & ceux-ci n'ont pour toute défenſe qu'une peau déliée ou des écailles légères, plutôt deſtinées, en quelque ſorte, à leur parure qu'à leur utilité. Tous les animaux de la terre & de l'air réunis enſemble, n'égaleroient ni en nombre ni en diverſité, les animaux de la mer. Nous laiſſerons donc à des naturaliſtes, qui conſacreront entièrement leur temps à étudier ces derniers animaux, le foin de les décrire, de les claffer, d'en affigner les efpèces & d'en faire l'hiftoire. Mais ne devrons-nous pas parler de leurs qualités générales, faire appercevoir les rapports qui lient toutes les claffes des habitans de la mer, leurs reffemblances frappantes, leurs différences remarquables; montrer le mécanifme de leurs mouvemens, l'intérieur de leur organifation, expliquer leurs phénomènes, affigner les caufes de la fupériorité de leur grandeur fur celle des animaux terreftres, déterminer le nombre, la force, l'ordre de leurs fens, leurs différentes manières de frayer & de produire? Ne devrons-nous pas décrire certaines efpèces plus faites pour exciter notre attention, foit par leur grandeur énorme, foit par quelque caractère remarquable; affigner celles qui lient le genre des poiffons à celui des habitans de l'air & à celui des habitans de la terre, & établir enfin quelques principes d'après lefquels on pût faire l'hiftoire complète de ce grand nombre d'animaux prefque tous muets, & prefque tous privés de la faculté d'exprimer leurs defirs, même par des cris confus & informes?

Après avoir confidéré ces êtres filen-

cieux, nous reviendrons fur la partie fè-
che du globe ; nous y examinerons des
êtres plus filencieux encore ; nous obferverons les végétaux triftement attachés au
fol fur lequel ils fe font élevés. Ces êtres
particuliers ne peuvent d'eux-mêmes, ni
changer de place, ni s'agiter, ni fe procurer la nourriture qui leur eft néceflaire.
Uniquement remués par les vents, ou
par d'autres caufes extérieures, & fans
qu'ils aient aucune part à leur mouvement, ils font obligés d'attendre qu'une
ondée bienfaifante les abreuve, que les
eaux qui filtrent au travers des terres les
nourriffent, que le fluide électrique qui
s'échappe du globe ou qui s'efforce d'y
renter vienne ajouter à leur fubfiftance.
Et pourquoi ce que la nature a accordé
aux plus foibles, aux plus malheureux
des animaux, leur a-t-il été entièrement
refufé ? C'eft que les facultés dont ils
manquent dépendent du fentiment, &
qu'ils font privés de fa plus foible étincelle. En confidérant les végétaux, nous
entrerons dans la feconde & grande divifion de l'empire des êtres animés.

Nous examinerons les propriétés générales, la nature & les phénomènes des
végétaux. Nous verrons leurs germes

confiés au fein de la terre, fe nourrir de fa fubftance, y développer fecrètement leurs forces, lever au deffus de fa furface leur tête tendre encore. Les influences de l'at-mofphère fe répandent autour de ces vé-gétaux verdoyans : l'air & l'humidité s'in-finuent dans leur intérieur, & s'en ex-halent pour y pénétrer de nouveau ; leur organifation fe développe ; les vaiffeaux qu'ils renferment fe déploient ; des fucs plus abondans & une fève plus féconde coulent dans des canaux moins refferrés. Déja ils ont atteint la hauteur à laquelle la nature devoit les élever : leurs feuilles touffues laiffent paroître des fleurs qui fe fécondent mutuellement, & ils fe cou-vrent de fruits dont les graines vont bien-tôt devenir de nouveaux végétaux. Ainfi paroîtront à nos yeux les effets dont nous rechercherons les caufes. Nous parcour-rons d'un coup d'œil rapide la fuite in-finie des végétaux, depuis le chêne dont la cime femble fendre la nue, juf-qu'aux plantes qu'on ne peut découvrir qu'avec le fecours du microfcope ; mais, laiffant aux botaniftes les détails de l'hif-toire de chaque plante, nous nous con-tenterons d'examiner l'utilité des claffi-fications & des *fyftémes* de botanique, de déterminer les différens buts qu'on doit se proposer lorsqu'on les établit, de conclure quelques vérités des propriétés & des phénomènes que nous aurons apperçus dans les végétaux, & de les proposer aux botanistes, comme des principes qui devroient les guider dans la distinction de leurs genres & de leurs espèces.

Nous parviendrons ainsi aux limites de l'empire des êtres animés ; nous les franchirons, & nous découvrirons un nouveau monde. Nous ne retrouverons plus ni vie, ni mouvement, ni sentiment, ni parole, ni reproduction. Froids, muets & immobiles, les êtres inanimés de ce nouvel empire ne nous présenteront plus qu'une matière brute, que des masses inertes dénuées de la plus foible des sensations, incapables de perpétuer leur espèce de quelque manière que ce puisse être, & qui n'auront plus rien de commun avec les êtres que nous avons examinés, que la pesanteur & quelques autres qualités générales de la matière. Au milieu de ces déserts silencieux, stériles & froids, nous retrouverons cependant encore les brillantes couleurs & les belles formes des êtres animés ; & si notre cœur n'eſt pas touché, du moins nos yeux pourront-ils être réjouis.

Nous obſerverons rapidement les diverſes eſpèces de pierres, les métaux, les demi-métaux, les autres foſſiles, & les différentes manières dont ils ſont renfermés dans le ſein de la terre, pour pouvoir expoſer les propriétés générales & les phénomènes qu'ils préſentent, avant d'avoir été travaillés par l'art & après avoir été modifiés par ce dernier, & les rapports d'après leſquels on doit chercher à les claſſer.

Arrivés à ce terme, nous aurons enfin parcouru dans tous les ſens l'empire de la phyſique.

Tel eſt le plan que j'ai cru devoir choiſir, & qui me paroît devoir être ſuivi par tous ceux qui voudront étudier la phyſique. On a pu remarquer ſans peine, à meſure que je l'ai expoſé, les raiſons qui m'ont déterminé à l'adopter, & à le préférer à tout autre.

Mais il ne ſuffit pas au phyſicien de ſavoir quels objets il doit conſidérer, & dans quel ordre il doit les ranger pour les bien appercevoir. Ne faut-il pas encore qu'il connoiſſe la voie qu'il doit prendre pour parvenir à les voir dans tout leur

jour ? La feule que d'abord il doive fuivre, eft celle que lui préfentent l'expérience & l'obfervation.

Qu'il s'attache à l'objet particulier de
fon étude ; qu'il l'obferve avec attention
& le regarde de tous les côtés ; qu'il faffe
fur chacune de fes parties, ce qu'il aura
fait fur l'objet en entier ; qu'il le divife
enfuite, & l'examine intérieurement ; &
qu'il remarque enfin dans cet objet, tout
ce qui peut être apperçu. Qu'il réuniffe
alors l'expérience à l'obfervation ; qu'il
voie la manière dont fon objet agira lorfqu'il l'approchera d'une fubftance étrangère, les effets qu'il produira, les phénomènes qu'il fera naître ; qu'il ramaffe
le plus grand nombre de faits relativement à cet objet de fon étude, & que
non-feulement il les recueille avec foin
& n'en laiffe échapper aucun, mais qu'il
en eftime l'intenfité & en calcule la durée.

Lorfque le phyficien aura ainfi employé
l'obfervation & l'expérience, & qu'il aura
réuni un grand nombre de faits, il aura atteint un degré élevé, & le premier auquel
il devoit parvenir. Mais il ne faura encore
rien : il ne poffédera encore que des faits
ifolés ; & des faits ifolés ne peuvent pas
former la plus petite fcience. Il aura raf-

semblé les matériaux ; mais pour en tirer parti, il faut qu'il joigne la théorie à l'expérience & à l'observation.

On ne peut donc être physicien, me dira-t-on peut-être, qu'on n'ait établi une théorie, qu'on n'ait fait un syſtême, qu'on n'ait élevé un enſemble preſque toujours imaginaire ; & celui qui ſe réduiroit à obſerver, qui paſſeroit ſa vie à tenter de nouvelles expériences & à ramaſſer de nouveaux faits, & qui, ſans jamais rien conjecturer, attendroit pour admettre une vérité, que la nature la lui eût révélée par un fait, celui-là ne ſeroit donc pas un véritable physicien ; & même, celui-là n'auroit aucune connoiſſance réelle, celui-là ne poſſéderoit aucune véritable ſcience.

Avant de répondre, il faut ſe former une idée nette de ce qu'on doit appeler théorie ou ſyſtême, ou pour mieux dire, il faut diſtinguer deux eſpèces de théorie.

La première compare les faits que l'expérience & l'obſervation lui fourniſſent ; elle en voit les rapports, elle en obſerve les reſſemblances, elle les pèſe pour ainſi dire, juge leur nature, leur intenſité, leur durée, non pas abſolues, mais relatives, c'eſt-à-dire la différence qu'il y a entre la

nature, l'intenſité, la durée du premier
phénomène, & la nature, l'intenſité &
la durée du ſecond; & lorſqu'elle eſt aſ-
ſurée des rapports qu'elle a vus, elle les
énonce.

Ces rapports énoncés ſont en quelque
ſorte des vérités d'expérience; ils deviennent des faits, des phénomènes que la
théorie compare, ainſi qu'elle a comparé
les faits particuliers; elle énonce les nouveaux rapports qu'elle trouve : ces rapports ſont auſſi des faits, mais des faits
plus généraux; & ainſi, de faits plus généraux en faits plus généraux, elle parvient à des réſultats auſſi certains, auſſi
vrais, que les premiers faits qu'elle a obſervés. Elle tire de ces grands réſultats,
les conſéquences *néceſſaires* qui en découlent; &, quoiqu'elle n'ait pas vu arriver ces conſéquences, quoique l'expérience & l'obſervation ne puiſſent lui en
rien dire immédiatement, elles ſont pour
elle auſſi certaines que des faits ; elle les
énoncera avec la même confiance ; elle
les comparera, comme elle a comparé les
premiers faits qu'elle a vus; elle s'élèvera
par leur moyen à de nouveaux réſultats
généraux, d'où elle redeſcendra à de nouvelles conſéquences, pour remonter à de

nouveaux réfultats ; elle formera ainfi un grand & vafte enfemble lié par des rapports néceffaires ; & fi elle veut encore prendre un vol plus fublime, elle comparera tous les réfultats généraux qu'elle aura trouvés ; elle réunira toutes les hauteurs auxquelles elle fera parvenue ; & par le moyen de ces différentes élévations qu'elle entaffera, elle appercevra un rapport unique entre les réfultats généraux ; elle l'énoncera, & dévoilera ainfi la première loi, ou du moins une des premières lois de la nature.

La feconde efpèce de théorie compare, ainfi que la première, les faits fournis par l'expérience & par l'obfervation : elle en examine les rapports, mais elle n'exige pas, ainfi que la première, que ces rapports foient *néceffaires;* elle fe contente fouvent qu'ils foient vraifemblables ; elle les conclut quelquefois par analogie ; elle les devine, ou du moins les entrevoit plutôt qu'elle ne les apperçoit réellement. Elle les regarde cependant après les avoir trouvés, comme des faits généraux qu'elle examine encore, mais entre lefquels elle ne cherche pas non plus des rapports néceffaires, mais des rapports vraifemblables. Elle confidère ces rapports comme des faits plus généraux, dont la comparaison lui préfente enfin de grands réfultats. Elle en tire des conféquences quelquefois néceffaires, quelquefois feulement probables, regarde ces conféquences comme des faits qui lui fervent à s'élever à de nouveaux réfultats généraux, toujours de la même manière, c'eft-à-dire en fe contentant toujours de l'apparence; & lorfqu'elle a ramaffé un certain nombre de ces grands réfultats, elle les réunit par la comparaifon, pour en conclure quelque premier principe, quelque loi générale, ainfi que le fait la théorie de la première efpèce.

Il eft aifé de voir que la théorie de la feconde efpèce exige le même génie que celle de la première, fi elle ne demande pas autant de patience. Il faut en effet, dans l'une comme dans l'autre, réunir autant de faits, comparer autant de rapports, parvenir à autant de conféquences, parcourir autant de branches, s'élever à la même hauteur. Toute la différence n'eft que dans la nature des chofes vues, qui font réelles dans la théorie de la première efpèce, tandis qu'elles ne font qu'apparentes dans la théorie de la feconde. Mais comme la nature des chofes

apperçues ne doit pas faire juger de l'é-
tendue de la vue, le génie doit toujours
avoir la même force, de quelque efpèce
de rapports qu'il s'occupe, pourvu qu'il
en découvre le même nombre, qu'il les
voie bien, c'eft-à-dire qu'il les voie tels
qu'ils font ; qu'il ne croie pas réel ce qui
n'eft qu'apparent, & qu'il ne regarde pas
comme vrai ce qui n'eft que vraifembla-
ble. L'édifice peut être également beau
dans les deux théories ; mais dans la première il durera à jamais, tandis que dans
la feconde fes parties manquent d'une
liaifon véritable, & que le plus fouvent
il s'écroule bientôt.

Maintenant nous pouvons répondre à
la queftion qu'on nous fera peut-être.
Il n'eft certainement pas néceffaire pour
être véritable phyficien, de fe fervir de
la théorie de la feconde efpèce, entièrement ou en partie : elle ne fait que
nous conduire d'erreur en erreur, &
n'eft qu'un vafte labyrinthe où l'on s'é-
gare d'autant plus qu'on s'y engage plus
avant : elle peut cependant quelquefois
mener à quelque grande vérité, trouver
du moins dans fa marche plufieurs vérités particulières, & même dans les fujets
où il n'eft pas permis de fe fervir de celle

de la première efpèce, parce qu'il eft prefque impoffible d'y appercevoir les vrais
rapports des chofes; elle doit être fouvent employée, quand ce ne feroit que
pour indiquer la voie de découvrir la
vérité.

Mais pour la théorie de la première
efpèce, elle eft abfolument néceffaire à
quelqu'un qui veut cultiver la phyfique
avec fruit. Ce n'eft pas que je veuille affurer qu'on ne peut être phyficien, qu'a-
près avoir fait le fuperbe travail dont
je viens d'efquiffer le plan. Ce feroit
réduire le nombre des phyficiens à des
bornes trop étroites ; ce feroit ne vouloir comprendre parmi eux que les gens
du plus grand génie, décourager la plus
grande partie des hommes ftudieux ; &
à Dieu ne plaife que je diminue en rien
le goût qu'on peut avoir pour la plus
belle des fciences humaines, lorfque je
ne veux m'efforcer que de rendre les
avenues de fon afyle plus aifées à parcourir, que d'en procurer la connoiffance
à un plus grand nombre de gens, & que
d'empêcher les bons efprits de perdre
leur temps & leurs peines à fuivre une
route qui les éloigneroit de la fcience,
au lieu de les y conduire. Mais je veux

dire qu’on ne peut être véritablement physicien, qu’autant qu’on commence à employer cette théorie de la première espèce, qu’autant qu’on compare les faits qu’on obferve, & les parties de ces mêmes faits. Qu’on ne s’alarme cependant pas, & qu’on ne croie pas que je regarde comme néceffaire à l’étude de la phyfique, de faire ufage de l’imagination, de cette faculté brillante, mais trompeufe, qui voit tous les objets avec force, mais qui ne les apperçoit guère tels qu’ils font. Employer la théorie de la première efpèce, ce n’eft que voir de nouveaux faits ; car les rapports font des faits ; & découvrir & annoncer des rapports n’appartient pas plus à l’imagination, qu’annoncer & découvrir des faits. Ce n’eft, en quelque forte, que voir avec de meilleurs yeux les phénomènes qu’on avoit déja obfervés, ou certaines de leurs faces, & appercevoir que telle partie eft commune ou non à deux ou à plufieurs faits. Cette opération exige-t-elle plus d’imagination qu’il n’en faut pour voir de quelle manière une chofe arrrive, & n’a-t-elle pas un fait pour unique objet ?

Que doit donc faire le phyficien après avoir obfervé le fujet de fon étude dans toutes ſes parties, après avoir conſidéré les phénomènes qu'il offre dans les différentes circonſtances où il peut le placer, l'avoir examiné attentivement à l'intérieur, à l'extérieur, & ſous tous les points de vue ? Il doit commencer par comparer les différentes parties de l'objet qu'il a examiné, voir ſi elles ſont de la même grandeur, de la même matière, de la même forme, remarquer leurs reſſemblances, leur dépendance mutuelle, leur plus ou moins d'action. Qu'il retranche enſuite, s'il peut, quelques-unes de ces parties, ou du moins qu'il ſupprime leur action ; qu'il tâche alors de faire préſenter à l'objet les phénomènes qu'il avoit déja offerts : ſi les phénomènes reparoiſſent les mêmes, il pourra conclure que la partie qu'il a retranchée, n'influoit en rien ſur leur production : ſi les phénomènes renaiſſent altérés ou ceſſent de ſe montrer, il pourra, en quelque ſorte, déterminer par leur altération ou par leur extinction entière, le degré d'influence de la partie ſupprimée.

Il devra éprouver de même chaque partie de l'objet conſidéré ; & ainſi il connoîtra uniquement par les faits, & par conſéquent d'une manière bien certaine, les degrés & les rapports d'action des différentes parties de l'objet, relativement à tel ou à tel phénomène. Il examinera ces rapports, & les autres qu'il aura découverts ; & ils deviendront pour lui autant de faits, autant de nouveaux objets à confidérer, qu'il gardera pour s'en fervir lorfqu'il voudra continuer de s'élever & arriver à des vérités plus générales.

Qu'il faffe exactement fur un fecond objet les mêmes recherches, les mêmes obfervations, les mêmes expériences, & qu'il en compare enfuite les réfultats avec ceux de fes tentatives fur le premier objet. Qu'il examine de quel côté eft la fupériorité de durée ou d'intenfité ; & lorfque les circonftances feront parfaitement égales des deux côtés, il pourra conclure & verra *par un fait*, que tel corps produit tel phénomène avec plus d'énergie que tel autre.

Il divifera enfuite le fecond objet, comme il a divifé le premier ; il en retranchera quelques parties, les examinera en particulier, les comparera, les confidérera toutes au milieu des mêmes phénomènes ; & il verra que telle partie du premier objet fait naître un phénomène avec telle force, & que telle partie du second objet le produit avec telle énergie. Il comparera ainsi un grand nombre d'êtres ; il pourra presque alors conclure que tel objet, ou telle partie produit presque toujours tel phénomène : il ramassera du moins une grande quantité de rapports, ou pour mieux dire, un grand nombre de faits qu'il gardera pour en faire naître des faits plus généraux.

C'est ainsi que le physicien sera guidé par la vraie méthode de la science ; c'est ainsi qu'il commencera de suivre la route que nous avons prescrite, & qu'on n'est pas obligé de parcourir jusqu'au bout, mais dans laquelle il me paroît qu'on doit nécessairement entrer pour être réellement physicien, c'est-à-dire, pour avoir des connoissances réelles de la physique, pour posséder une partie réelle de la science.

Rendons ce que nous venons de dire plus sensible par un exemple. Supposons qu'un physicien voie tomber une pierre. Il commencera par la ramasser & la laisser tomber plusieurs fois, pour s'assurer de la constance du phénomène ; il la fera tomber ensuite de différentes hauteurs, & mesurera la durée des chutes ; il conservera les rapports qu'il trouvera. Il di-

visera les espaces que la pierre parcourra
dans ses différentes épreuves, & il di-
visera aussi les temps de ses diverses chutes : il cherchera les rapports de ces di-
visions ; & après avoir répété plusieurs
fois la même chose, il aura pour vérité
de fait, que lorsque la pierre tombe, son
mouvement s'accélère, & que le temps
de sa chute est toujours comme la racine
quarrée de la hauteur dont elle descend.

Il considérera des objets & des mouvemens étrangers ; il verra qu'un mouvement accéléré semblable à celui de la
pierre, est toujours produit par une force
constante qui s'exerce à tous les instans :
il en conclura que sa pierre est poussée
en en-bas ou vers la terre, par une force
qui agit constamment.

Il examinera ensuite la durée absolue
du phénomène, & il verra que la pierre
parcourt à peu près quinze pieds pendant
la première seconde de sa chute. Après
avoir répété plusieurs fois son expérience
au niveau des plaines, il gravira sur différentes montagnes ; il verra toujours la
pierre tomber : il descendra dans les mines
les plus profondes ; & la chute de la pierre
aura toujours lieu. Il en conclura que la
force qui pousse la pierre, n'est pas bornée

née à un certain point, à une certaine diſtance du centre du globe, mais qu'elle agit au moins dans un eſpace très-étendu en hauteur & en profondeur.

Il aura cependant apperçu des diffé-rences dans les phénomènes. Lorſqu'il aura fait ſon expérience ſur des mon-tagnes très-élevées, ſa pierre n'aura pas parcouru quinze pieds pendant la pre-mière ſeconde de ſa chute, mais elle aura traverſé un eſpace moins conſidérable ; & lorſqu'il l'aura laiſſé tomber au fond d'une mine bien profonde, elle aura parcouru bien plus de quinze pieds. Le phyſicien conſervera avec ſoin les différences qu'il aura obſervées, & meſurera exactement les hauteurs auxquelles il ſe ſera élevé, & les profondeurs où il ſera parvenu. Il répétera ſon expérience à différentes hau-teurs & à différentes profondeurs, & il verra toujours la viteſſe s'accroître à me-ſure qu'il s'enfoncera dans le globe. Il en conclura que la force qui pouſſe ſa pierre, eſt en raiſon de ſa proximité à l'égard du centre de la terre. En comparant plus attentivement les hauteurs & les profon-deurs, c'eſt-à-dire les diſtances à ce cen-tre, & les viteſſes de ſa pierre, il verra que la viteſſe augmente préciſément comme

le quarré des diſtances diminue. Il en
conclura que ſa pierre eſt ſoumiſe à une
force dont l'intenſité croît ſuivant cette
loi ; &, ramaſſant tous les rapports qu'il
aura obſervés entre les différentes chutes,
il aura pour vérité *de fait*, que ſa pierre
eſt pouſſée par une force qui agit conſtamment à toutes les hauteurs auxquelles
il aura pu parvenir, qui augmente en
raiſon inverſe de la diſtance au centre de
la terre, & en raiſon inverſe du quarré
de cette diſtance.

Pour faire un pas de plus, & pour ſui-
vre toujours exactement la route que
nous avons tracée, il tâchera de faire re-
paroître les phénomènes qu'il aura découverts ; mais il ôtera auparavant la
pierre du milieu de l'air, du milieu de
ce corps étranger dans lequel elle avoit
toujours été renfermée : il fera ſon expérience au milieu du vide, & la répétera à différentes hauteurs. Tout ſe paſ-
ſera toujours de même : il en conclura
que la force qui pouſſe la pierre n'appartient pas à l'air, & ne réſide pas dans
ce corps étranger. Il joindra cette vérité
de fait à celles qu'il aura déja trouvées,
& qui feront auſſi certaines pour lui que
les faits qu'il aura vus.

Il examinera alors la pierre ; il la verra compofée de parties de diverfe nature : il la divifera ; il effaiera d'en faire tomber les différentes parties l'une après l'autre. Elles fe précipiteront & préfenteront les mêmes phénomènes que la pierre à laquelle elles appartenoient, excepté qu'elles tomberont avec une viteffe inégale : les unes, par exemple, parcourront treize pieds, d'autre douze, &c. pendant la première feconde de leur chute.

Le phyficien obfervera au milieu du vide, les différens petits morceaux de pierre ; & alors il les verra tomber tous avec la même viteffe, & offrir abfolument les mêmes phénomènes. Il reconnoîtra que l'air peut altérer inégalement la force qui maîtrife les parties de fa pierre, mais il verra que cette force eft réellement la même pour toutes ces parties, de quelque nature qu'elles foient, quelque divifées qu'elles puiffent être, & quelque figure qu'elles préfentent. Il verra donc que la force qui agit conftamment fur l'objet de fes expériences, à toutes les hauteurs, & en raifon inverfe du quarré de la diftance, ne dépend ni de la nature de la pierre, ni de fon volume, ni de ſa forme (*a*), & ne tient qu'à la matière qu'elle renferme. La pierre eſt donc ſujette à une force conſtante qui eſt proportionnelle à la matière, & qui décroît en raiſon inverſe de la diſtance au centre de la terre; & c'eſt pour lui une vérité *de fait*.

Il ne ſe contentera pas d'examiner cette première pierre qu'il aura vu tomber. Il ſoumettra aux mêmes épreuves toutes les pierres, tous les corps même qu'il rencontrera; il leur verra produire les mêmes phénomènes: il répétera pluſieurs fois ſes eſſais; ils lui réuſſiront toujours également. Toutes les pierres, tous les corps terreſtres ſeront donc en quelque ſorte à ſes yeux, ſoumis à une force conſtante qui ne tient ni à la figure, ni au volume, ni à la nature des corps, mais à leur matière, c'eſt-à-dire à leur maſſe, qui eſt en raiſon inverſe du quarré de la diſtance, & qui à la ſurface de la terre, abſtraction

---

(*a*) Nous verrons dans la ſuite que cette force agit en raiſon de la figure; mais elle n'en ſuit pas le rapport d'une manière ſenſible, lorſque la diſtance eſt très-conſidérable, comme celle qui ſéparera le centre de la terre d'avec les corps que le phyſicien éprouvera.

faite de la réfiftance de l'air, fait parcourir à tous ces corps, quinze pieds pendant la première feconde de leur chute ;
& ce fera pour le phyficien, un fait général dont il fe fervira pour s'élever plus haut.

. Il tirera des conféquences de ce fait
général. Il verra cette force, qu'il pourra
appeler pefanteur, entraîner les corps
dans une direction perpendiculaire au
centre de la terre : d'autres expériences
lui auront fait découvrir quelques lois d'a-
près lefquelles il inférera de ce qu'il aura
déja apperçu, que les pierres ou les autres
corps graves décriront une diagonale lorfqu'il ne les jettera pas dans la direction de
la force qu'il aura trouvée, lorfque, par
exemple, il les lancera dans une direction horizontale. Il fe dira à lui-même,
que néceffairement cette diagonale fera
d'autant plus longue, & que les corps
graves, en tombant fur la terre, formeront avec fa furface un angle d'autant
plus aigu, que la force avec laquelle il
jettera la pierre fera plus confidérable.
Il aura pu, en effet, favoir d'ailleurs que
les diagonales font toujours proportion-
nées aux forces qui agiffent fur les corps.

. N'en inférera-t-il pas que, fi la force
d'impulfion horizontale étoit très-forte,

la diagonale décrite par le corps grave devroit s'étendre jufqu'au-delà du globe, & que le corps lancé ne tomberoit pas fur la furface de la terre?

Il réfléchira à la nature de la force qu'il aura trouvée, & à celle de la force horizontale qui pourra lancer le corps grave : il verra que la première eft conftante, & fe renouvelle à chaque inftant; & que la feconde agit une fois, pour ne plus agir de nouveau, pour ne plus fe renouveler. Il en conclura que la diagonale décrite par le corps projeté horizontalement, ne devra pas être une ligne droite. En effet, les diagonales doivent toujours s'éloigner de la direction de la force qui diminue ; la force horizontale décroît à chaque inftant ; la diagonale décrite par le corps grave, devra donc fans ceffe fe rapprocher de la terre, s'incliner vers fa furface, & par conféquent former une ligne courbe.

Il en conclura que, fi le corps grave étoit pouffé par une très-grande force horizontale, non-feulement il ne tomberoit pas fur le globe, mais qu'il décriroit une courbe autour de ce même globe.

De conféquence en conféquence, le phyficien parviendra donc à cette grande vérité, que les corps pouſſés par une force horizontale ſuffiſante, doivent décrire des courbes autour de la terre; & comme toutes les conſéquences qu'il aura tirées en deſcendant des réſultats généraux, auront été des conſéquences *néceſſaires*, & qu'il ne ſera parvenu à ces réſultats que par le moyen de rapports, c'eſt-à-dire, de faits, la dernière & grande conſéquence qu'il déduira, ne ſera-t-elle pas auſſi certaine pour lui qu'un *fait*, & ne devra-t-il pas en être auſſi aſſuré, que s'il avoit vu lancer une pierre par une force horizontale très-puiſſante, & qu'il eût vu cette pierre faire le tour du globe ſans tomber ſur ſa ſurface?

Il examinera enſuite cette conſéquence, ou, pour mieux dire, ce fait; il verra que la viteſſe avec laquelle le corps lancé par une force horizontale, reviendra à l'origine de la courbe qu'il aura décrite, ſera ſuffiſante pour lui faire parcourir de nouveau cette courbe. Il reconnoîtra qu'une ſeule impulſion horizontale forcera la pierre à tourner ſans ceſſe autour de la terre; & il verra de plus, qu'elle ne peut ainſi tourner autour du globe, qu'elle ne ſoit ſoumiſe à *la force de la peſanteur* qu'il aura découverte.

Il cherchera enſuite à comparer cette même conféquence, ce grand fait, avec quelque grand réſultat : il portera ſes regards ſur la lune ; il verra cet aſtre décrire ſans ceſſe une courbe autour du globe ; il en conclura que la lune eſt attirée vers le centre de la terre par une force conſtante. Il connoît le temps que la lune emploie à faire ſa révolution, & l'étendue de cette même révolution. La nature de la courbe que la lune décrit, lui découvrira le rapport de la diagonale que la lune parcourt dans un temps donné, avec les deux côtés du parallelogramme auquel cette diagonale appartient ; c'eſt-à-dire, il verra le rapport de cette même diagonale avec la force horizontale ou tangentielle & la force centrale, qui agiſſent pendant ce temps donné : il ſaura de plus quel êſt le rapport mutuel de ces deux dernières forces, centrale & tangentielle.

Connoiſſant la longueur de la diagonale que la lune parcourt dans une ſeconde, ne découvrira-t-il pas aiſément la longeur du côté qui exprime la force centrale qui agit pendant cette même ſeconde ? Ce côté eſt préciſément l'eſpace que la lune décriroit pendant la première feconde de fon mouvement, fi elle n'obéiſſoit qu'à ſa peſanteur : le phyſicien ne ſaura-t-il pas, par conſéquent, combien de pieds ou de parties de pied la lune parcourroit pendant la première feconde de ſa chute, en tombant vers le centre de la terre ?

D'un autre côté, le phyſicien dira : Si la même force qui à la ſurface de la terre fait parcourir aux corps graves quinze pieds pendant la première ſeconde de leur chute, & qui décroît comme le carré des diftances augmente, étendoit ſon action juſques ſur la lune, la lune devroit parcourir $\frac{1}{20}$ de pouce pendant la première ſeconde de ſa chute vers la terre : ce nombre ſera préciſément le même que celui qu'il aura déja trouvé.

D'ailleurs, la nature de la courbe de la lune & les différentes viteſſes de cet aſtre, obſervées dans les diverſes parties de ſa route, exigeront une force décroiſſante, comme le carré de la diftance au centre. Le phyſicien verra donc la lune ſoumiſe, ainſi que les corps terreſtres, à une force conſtante qui les entraîne vers le centre du globe, & qui décroît en raiſon inverſe du carré de la diftance de ce même centre.

Ce nouveau fait ſera comparé par le
C v

phyſicien; il verra la terre parcourir autour du ſoleil une courbe entièrement
ſemblable à celle que la lune décriroit
autour de la terre ſi cette dernière étoit
immobile, & offrir abſolument les mêmes
phénomènes que la lune préſenteroit. Il
en conclura que la terre eſt pouſſée vers
le centre du ſoleil par une force conſtante, & qui agit en raiſon inverſe du carré
de la diſtance. Il verra les autres planètes
& les comètes préſenter les mêmes phénomènes relativement au ſoleil, & les
planètes ſecondaires, ou les ſatellites,
les offrir relativement à leurs planètes
principales, en ſuppoſant ces dernières
immobiles; &, d'après tout cela, il aura
pour vérité de fait, que les corps céleſtes, ainſi que les corps terreſtres, ſont
entraînés vers des centres par une force
conſtante qui agit en raiſon inverſe du
carré de la diſtance de ces mêmes centres. C'eſt ainſi, & par d'autres compa-
raiſons, qu'en montant à des réſultats,
en deſcendant à des conſéquences, *&c.*
il parviendra aux lois de la gravitation
univerſelle, à ce nouveau réſultat général qui, combiné avec d'autres grands réſultats, donneroit l'attraction univerſelle
établie par Neuton; attraction dont on

peut, si l'on veut, contester le principe, mais dont les lois ont la certitude des faits, & sont réellement autant de *faits*.

Celui qui se propose d'étudier la physique, saura donc maintenant quels objets il doit examiner, dans quel ordre il doit les voir, & comment il doit les observer. Il peut, en parcourant sa carrière, retirer un grand secours des instrumens que nous allons lui indiquer, qui souvent hâteront son vol, ajouteront à ses forces, & même, dans certaines circonstances, lui seront absolument nécessaires pour s'élever. Mais, comme ces instrumens peuvent lui être quelquefois bien funestes, & que leur utilité ou leur danger dépend de la nature des choses auxquelles on les applique, tâchons de faire voir quelles sont celles pour lesquelles il devra s'en servir.

C'est des sciences mathématiques que je veux parler. Comme elles renferment plusieurs parties dont les objets sont différens, nous ne pourrions que dire des choses vagues, & par conséquent peu utiles, si nous ne parlions qu'en général de leur application à la physique. Divisons donc les sciences mathématiques, & voyons quand il faudra que le physicien appelle à son secours leurs diverses parties.

Nous pouvons, relativement à notre but, diviser les mathématiques en arithmétique, en algèbre, en géométrie, & en calcul des infinis.

L'arithmétique ne s'occupant que des nombres, ne doit venir au secours du physicien que dans les parties de la science où les nombres sont employés; & on ne doit s'en servir que relativement à ces mêmes nombres, & aux différentes manières dont on peut chercher à les combiner.

A l'égard de l'algèbre, nous pouvons la diviser en deux parties, & la voir sous deux faces. Premièrement, on peut la regarder comme une espèce de langue, une suite de signes faits pour représenter des quantités, de manière à simplifier les opérations, & à énoncer clairement des lois générales, relatives à ces mêmes quantités; & secondement, on peut la considérer comme la science sublime, qui, d'après les lois des proportions, apprend à résoudre les problêmes les plus difficiles, par le moyen de la formation & de la solution d'équations de différens degrés. La première partie de l'algèbre

nè doit être employée que lorſqu'on auroit pu recourir aux ſciences qui traitent
des quantités ; elle ne doit que repréſenter & étendre ces dernières. A l'égard
de la ſeconde, ſi on la prend dans le ſens
le plus étendu qu'elle puiſſe avoir, on
ne ſauroit trop s'en ſervir, lorſqu'il s'agit
de dévoiler quelque vérité cachée ; & on
n'a pu faire aucune découverte en phyſique, ni dans aucune ſcience, ſans en
quelque ſorte établir & réſoudre une
équation. Paſſons maintenant à la géométrie, c'eſt-à-dire, à la ſcience de l'é-
tendue.

Il ſemble, au premier coup-d'œil, que
de même qu'on peut employer l'arithmétique toutes les fois qu'il s'agit de nombres, on pourroit ſe ſervir de la géométrie toutes les fois qu'il eſt queſtion de
l'étendue. Rien cependant n'eſt plus
faux, & n'a produit plus d'erreurs en
phyſique. On auroit eu raiſon de le penſer, ſi l'étendue que la phyſique conſidère, & celle que la géométrie meſure,
étoient les mêmes étendues ; mais cela
n'eſt pas ainſi. La première eſt l'étendue
telle que la donne la nature, c'eſt-à-dire,
un compoſé de lignes preſque toujours
irrégulières, de plans toujours chargés

d'afpérités, de folides qui ne font jamais parfaits : l'étendue, au contraire, que les géomètres étudient, qu'ils ont créée par leurs fpéculations, & qu'ils ont pu rendre auffi parfaite qu'ils l'ont voulu, puifqu'elle eft l'ouvrage de leur imagination ; cette étendue, dis-je, idéale, renferme toujours des lignes parfaitement droites, des courbes parfaitement régulières, ou, ce qui eft la même chofe, qui peuvent être exprimées par une feule *formule* ; tandis qu'il en faudroit peut-être des milliers pour tracer à la rigueur la courbure de la plus petite ligne que la nature préfente. Ces lignes régulières, en fe raffemblant dans les fuppofitions des géomètres, forment toujours des plans parfaitement réguliers ; & ces plans, en fe réuniffant, ne conftituent que des folides parfaits. Ces deux étendues font donc abfolument différentes.

Il ne faut cependant pas croire que les vérités qu'on conclut de la nature de l'une, ne puiffent pas s'appliquer à la nature de l'autre, & que la géometrie ne doive pas être employée dans ce qui concerne l'étendue phyfique. Il eft des cas où les figures préfentées par la nature, où l'étendue que le phyficien cherche

à connoître, sont affez régulières, & se
rapprochent affez de celles des géomètres, pour que la géométrie, ses vérités
& ses conféquences puissent y être appliquées, même avec le plus grand succès. L'astronomie, dans laquelle les ellip-
fes décrites par les corps céleftes font
presque parfaitement régulières, &c.
nous en offre un exemple; mais on ne
peut pas l'employer toutes les fois qu'il
s'agit de l'étendue phyfique; & il faut
bien prendre garde de ne jamais s'en fervir, lorsque les lignes, les plans, les folides
confidérés, s'éloignent trop de la régularité de ceux que les géomètres ont
imaginés, ou du moins de ne jamais leur
appliquer à la rigueur, & fans des modifications plus ou moins grandes, les
vérités que les géomètres concluent de
la nature de leur étendue régulière. Au
reste, au lieu d'affigner la régularité à
l'étendue des géomètres, & l'irrégularité
à celle de la nature, j'aurois dû donner
à celle-ci le nom de régulière, & défi-
gner par celui d'irrégulière l'étendue des
géomètres. La régularité ne confifte pas
en effet dans une prétendue fimplicité,
mais dans la conformité avec ce qui fe
rencontre le plus fouvent dans la nature:

une ligne, quelque finueufe qu'elle foit,
un plan, quelque raboteux qu'il puiffe
être, feront toujours véritablement plus
réguliers qu'une ligne parfaitement droite
& un plan parfaitement uni, puifque ceux-
ci ne font jamais dans la nature, & que
ceux-là y exiftent réellement. Mais j'ai
dû préférer d'être entendu.

Il nous refte maintenant à parler de
la partie des fciences mathématiques
qui s'occupe du calcul des infinis. C'eft
une de celles qui peuvent devenir le plus
utiles à la phyfique : fon objet & celui
du phyficien font en quelque forte les
mêmes, & par-là elle peut très-fouvent
& très - aifément être appliquée à la
fcience que nous cultivons.

En effet, dans la nature, rien ne tran-
che, rien n'eft parfaitement diftinct; il
n'exifte aucune propriété qui ne renferme
mille nuances différentes, par le moyen
defquelles elle fe dégrade infenfiblement
& fe fond dans des propriétés fouvent
contraires. Il n'exifte aucun phénomène
qui ne s'élève ou ne defcende par mille
degrés de force vers d'autres phénomènes fouvent oppofés; aucun être n'eft
féparé par un intervalle de quelque autre
être : le phyficien n'a donc à confidérer

que des nuances; & comme non-feulement il y a une infinité de nuances dans
le plus petit objet & dans la plus petite
partie de chaque objet; mais comme
encore tous les rapports qu'on peut confidérer, & toutes les nuances renferment
de nouvelles nuances à l'infini, les objets
que le phyficien examine ne font-ils pas
femblables à ceux dont s'occupe la fcience
qui traite de l'infini? Et dès - lors cette
dernière, fes vérités, fes conféquences
ne peuvent-elles pas, ainfi que je l'ai dit,
être très-fouvent & très-aifément appliquées à la phyfique; & par conféquent
le calcul des infinis ne doit - il pas être
l'une des parties des mathématiques le plus
utiles au phyficien?

Avant que le phyficien commence à
étudier la phyfique, il doit, après avoir
choifi & arrangé les objets de fon étude,
& déterminé comment & avec quels fecours il doit parvenir à les connoître; il
doit, dis-je, fe dépouiller entièrement de
tout préjugé. Il n'admettra aucun fait ni
aucune propriété des corps, uniquement
parce qu'ils auront été reconnus avant lui;
&, en général, il n'adoptera rien que d'a-
près des théories & des expériences certaines. Mais, s'il ne doit pas croire légère-

ment l'exiſtence des diverſes propriétés &
des différens phénomènes qui lui ſeront
propoſés, qu'il ne refuſe jamais de les admettre uniquement parce qu'ils ſeront
très-différens de ceux qu'il aura déja reconnus, ou parce qu'ils leur ſeront étrangers. L'oppoſition de ces phénomènes ou
de ces propriétés à des vérités démontrées, doit ſeule les faire rejeter.

Que le phyſicien ne refuſe pas non
plus ſa croyance à des propriétés, uniquement parce qu'il ne les entendra pas,
ſi d'ailleurs elles ſont fondées ſur des faits;
& qu'il ſe rappelle ſans ceſſe qu'il admet
& doit admettre pluſieurs propriétés générales de la matière qu'il ne comprend
point, & qu'il ne comprendra peut-être
jamais; qu'il ne fixe d'autres bornes au
poſſible, que celles qui lui ſeront preſ-
crites par une oppoſition formelle aux
vérités démontrées; & qu'il n'oublie jamais que, s'il veut placer ailleurs ces limites du poſſible, il rencontrera ſouvent
en-deçà des choſes tout auſſi incroya-
bles que celles qu'il aura laiſſées au-delà.

C'eſt avec la plus grande circonſpec-
tion, & uniquement d'après une très-
grande néceſſité, que le phyſicien doit
admettre de nouvelles lois générales.

Lorſque, cependant, elles ne tendront à détruire aucune vérité démontrée, qu'elles donneront ſeules une raiſon ſatisfaiſante d'un très - grand nombre de phénomènes, & qu'elles s'appliqueront à tous les êtres, le phyſicien pourra les reconnoître : qu'il les admette, du moins, bien plutôt que de ſuppoſer, ainſi que l'ont fait juſqu'à préſent pluſieurs phyſiciens, de nouvelles lois particulières, uniquement propres à certains corps & à certaines circonſtances. Ces dernières lois ne doivent être adoptées que lorſqu'elles ſont rigoureuſement démontrées par les faits; & l'on peut, en quelque ſorte, aſſurer que celles qui ſont ainſi fondées ne ſont des lois particulières qu'en apparence; & que, lorſqu'on les aura mieux étudiées, on les verra s'étendre à un plus grand nombre d'êtres, devenir de nouvelles lois générales, ou ne préſenter que des faces particulières d'une loi générale déja connue.

En effet, les lois de la nature ne ſont que les rapports des êtres : elles ſont donc néceſſairement les mêmes par - tout où les rapports ſont ſemblables; elles doivent donc être les mêmes pour tous les êtres dont les parties ſoumiſes à la loi ſe reſ-

semblent. D'un autre côté, elles ne pourroient être les mêmes que pour une
partie de ces êtres, puisqu'on les suppo-
seroit des lois particulières : elles seroient
donc les mêmes pour toute une classe
d'êtres, & ne le seroient pas ; ce qui seroit absurde.

Les lois générales de la nature ne sont
que les rapports généraux ou les manières d'être générales des substances : que
le physicien ne considère donc pas les
monstres par excès ou par défaut que
la nature enfante quelquefois, ni les sin-
gularités au milieu desquelles elles se
joue, comme des moyens pour établir
les lois générales ; mais qu'il s'en serve
pour énoncer ces lois de la manière la
plus juste & la plus précise , & pour ne
pas en tirer des conséquences trop étendues ou trop rétrecies.

Que les physiciens se gardent bien de
chercher à imaginer des hypothèses quelquefois ingénieuses, mais qui ne ren-
dent raison que de quelques phénomènes
généraux ; qu'ils ne se laissent pas entraîner par la grande facilité qu'ils trouveront à créer de pareils systêmes ; & qu'ils
n'oublient jamais que non - seulement
une théorie ne peut être admise que lors-

qu'elle s'applique à tous les détails, mais qu'encore la vraie manière d'établir une hypothèse, c'est de s'élever aux lois générales par la considération des objets particuliers, & par l'explication de leurs phénomènes, ou, ce qui est la même chose, par la vue de leurs rapports. J'ai cru devoir sur-tout chercher à détourner les physiciens de ce genre d'hypothèse, dans un moment où les sciences naturelles sont inondées d'un déluge de systêmes qui n'expliquent que quelques phénomènes généraux, & qui doivent d'autant plus affliger les bons esprits, que les auteurs de ces systêmes auroient rendu de grands services à la science, s'ils avoient élevé leurs théories sur des bases plus solides.

Maintenant, quelles sont les principales qualités que doit avoir celui qui se destine à l'étude de la physique? Avant de répondre, faisons quelques réflexions.

Quelque simples que soient nos idées, on renonnoîtra aisément qu'elles renferment toujours un rapport. Nos idées sont en effet des images; & toute image ne présente-t-elle pas un rapport, quand ce ne seroit que celui de la grandeur? Plus les idées renferment de rapports, &

plus elles font nettes. Avoir des idées,
eft donc appercevoir des rapports. Mais,
n'avoir que des idées, n'eft pas encore
penfer.

On pourroit dire, pour le prouver,
que les animaux apperçoivent des rapports, & cependant qu'ils ne penfent
pas. A la vérité, ils ne voient des rapports qu'entre des objets phyfiques, ma-
tériels, fenfibles, particuliers & indivi-
duels; & ils n'en apperçoivent aucun entre des chofes intellectuelles, générales
& abftraites : mais ceux qu'ils voient
n'en font pas moins des rapports, & n'en
font pas moins fentis avec vivacité.

Cependant, comme ceux qui compofent & conftituent nos idées font faifis &
repréfentés en nous par une fubftance fpi-
rituelle, tandis que, dans les animaux,
les rapports font gravés fur la matière
par une opération purement mécanique;
& comme ces mêmes animaux ne reçoivent l'action des rapports que par le
moyen du fentiment phyfique, ne les
apperçoivent réellement pas, & n'éprouvent qu'un fimple ébranlement matériel,
nous ne nous fervirons pas de l'exemple
des animaux pour établir notre propo-
fition.

Mais nous dirons, les fous ont des idées, & par conséquent voient des rapports; & cependant ils ne pensent pas. N'avoir que des idées, c'est-à-dire, que des idées isolées, n'est donc pas penser. Quelque grand nombre d'idées qu'ait un homme, il ne sera donc encore qu'un fou; & comme, lorsqu'une fois la folie est complète, les degrés de cet état dépendent du nombre des sensations qu'on éprouve, plus cet homme aura d'idées, & plus il sera fou; & c'est tout ce que lui vaudra ce grand nombre de rapports, qui n'auront aucune liaison les uns avec les autres.

Mais, dès que deux de ces rapports sont comparés, & par conséquent liés ensemble, la pensée commence, & l'esprit naît avec elle; car, penser ou avoir de l'esprit, n'est qu'une même chose. Alors l'homme fait véritablement usage de cette noble faculté qu'il a reçue du Créateur, & laisse entre lui & l'animal le plus parfait & le mieux organisé, une distance immense qu'aucun être ne remplit.

S'il compare plusieurs rapports, ou, ce qui est la même chose, plusieurs idées, il est doué de beaucoup d'esprit: s'il ne peut le faire que succeſſivement, & s'il ne ſe traîne qu'avec lenteur d'une idée à l'autre, il aura cet eſprit lourd qui ne trouve qu'avec peine, mais qui, quelquefois, apperçoit d'une manière plus ſûre. Qu'il parcoure avec promptitude toute la chaîne de ſes idées, & ſon eſprit ſera vif & rapide; que cette chaîne s'étende très-loin, & ſon eſprit ſera profond; & enfin, que ſa vue ſoit aſſez bonne pour appercevoir à-la-fois le milieu & les extrémités de cette chaîne, & il aura un grand eſprit.

Si ſes efforts ne peuvent pas l'élever plus haut, il n'aura encore que de l'eſprit. Mais ſi, au lieu de s'étendre ſur une ſeule ligne, au lieu de ne voir que dans une ſeule direction, il peut ſe répandre dans tous les ſens, parcourir tous les rayons de la ſphère dont il occupe le centre, s'élever, ſe rabaiſſer, atteindre à tous les points de la circonférence, alors il n'eſt plus doué uniquement de l'eſprit; alors il voit une foule de rapports, & de rapports de diverſes eſpèces; alors il compare une foule d'idées, & d'idées différentes; alors, être privilégié, il a reçu le don du génie.

S'il apperçoit & compare à-la-fois tous ces

ces rapports, & si, présent à tous les points, il les voit tous d'une vue nette & distincte, il a été doué du génie le plus vaste. L'homme réfléchit véritablement alors quelques rayons échappés de l'intelligence divine, &, véritablement souverain des autres êtres, il parle en maître à la nature, & lui arrache ses secrets.

A la vérité, l'esprit peut quelquefois, en parcourant la suite de ses rapports, tourner ses regards vers plusieurs points, projeter différentes branches de chaque côté du tronc de ses idées, & former ainsi des ramifications plus ou moins étendues, qu'il pourra même voir à-la-fois ; mais ces diverses ramifications, ces différentes branches ne s'étendront point également dans tous les sens : elles ne seront que des réunions de lignes diversement inclinées, & ne composeront point un assemblage solide qui occupe toutes les dimensions, ainsi que l'ensemble des idées du génie. Il y aura donc toujours une différence essentielle entre le génie & l'esprit.

Le génie peu étendu & le grand esprit se rapprochent cependant si fort & ont tant de choses communes, qu'il sera souvent impossible de les distinguer ; mais toutes les fois qu'il ne s'agira pas des eſprits ſitués au plus haut degré de leur claſſe & des génies placés au plus bas de leur ordre, ne pourra-t-on pas aiſément les diſtinguer l'un de l'autre, d'après ce que nous venons de dire ?

Cherchons maintenant, parmi les facultés que nous venons d'examiner & de définir, celle qui eſt néceſſaire au phyſicien. Lorſqu'il ne recherchera pas les lois générales de la nature, lorſqu'il ne voudra que trouver quelque nouveau fait, & le lier avec des faits déja connus, pour multiplier les matériaux de nos connoiſſances, & même pour accroître & étendre réellement nos connoiſſances elles-mêmes, il n'aura beſoin que de conſidérer un aſſez petit nombre de parties dans l'objet de ſon étude ; il ne devra voir entre ces parties qu'un petit nombre de rapports peu étendus ; il n'aura beſoin de les comparer qu'avec peu d'objets étrangers, & d'en conclure peut-être qu'un réſultat, d'où il ne tirera que très-peu de conſéquences. L'eſprit ſeul lui ſuffira pour tout cela ; & ſi même ſon eſprit eſt grand, vaſte, profond, & fort voiſin du génie, il pourra, avec ſon ſecours, comparer pluſieurs choſes, s'éle-

ver à plufieurs réfultats, defcendre à plufieurs conféquences, établir enfin une
belle & affez vaffe théorie.

. Pour que le phyficien retire de fon efprit tout l'avantage qu'il peut en attendre, il faut qu'il foit affez métaphyficien
pour bien diftinguer dans fon objet les
parties qu'il doit examiner , pour ifoler
en quelque forte celles qu'il obferve,
pour difféquer, fi je puis m'exprimer
ainfi, l'objet de fes conceptions , & ne
pas tirer de fauffes conféquences, en rapportant à un côté de l'objet ce qu'il n'a
apperçu que dans un autre. Il faut qu'il
puiffe reconnoître parfaitement les conféquences néceffaires qu'on peut déduire
d'une expérience, d'une obfervation, d'un
fait ou d'un rapport, & les conféquences
uniquement probables qu'on en peut tirer ; & pour cela il faut qu'il diftingue les
diverfes circonftances dans lefquelles il
confidère fon objet, qu'il ne confonde jamais les différens points de vue fous lefquels il l'examine, qu'il ne rapporte jamais
à l'un ce qui ne peut appartenir qu'à l'autre, & qu'il puiffe féparer en idée ce qui
cependant eft inféparable phyfiquement,
comme par exemple la figure & le corps,
&c. ; mais il doit avoir l'efprit affez jufte,

pour que la longue habitude de confidérer à part certaines propriétés, ne lui
faffe pas illufion; pour qu'il ne penfe pas
que ce qu'il aura vu l'un fans l'autre pendant long-temps & de plufieurs manières, puiffe auffi exifter l'un fans l'autre
hors de fon imagination & dans la réalité;
& enfin, pour qu'il fache parfaitement
diftinguer toutes les fuppofitions qu'il
aura créées, d'avec les faits réellement
exiftans.

L'efprit fuffira donc au phyficien à
qui la nature n'a pas dû être entièrement
dévoilée : mais s'il veut s'élever aux vérités les plus fécondes ; s'il veut confidérer les objets de la nature fous toutes
leurs faces, à l'intérieur, à l'extérieur,
& dans toutes leurs parties ; s'il veut découvrir les reffemblances & les différences de toutes ces faces & de toutes ces
parties, réunir un grand nombre de rapports, en tirer des conféquences, les
examiner de tous les côtés, & faire naître de leur comparaifon les grands principes, les premières lois phyfiques; s'il veut
enfin fuivre prefque en entier la route que
nous avons tâché de tracer, l'efprit feul
ne peut pas lui fuffire, le génie doit venir
à fon fecours : le génie feul peut con-

traindre la nature à s'expliquer fans ré-
ferve ; lui feul peut, en quelque forte,
élever d'une manière durable une théorie
qui renferme des parties très - étendues,
parce que lui feul peut voir affez de faces
pour établir entre les différentes branches
de cette théorie, cette liaifon qui feule
peut la rendre certaine. L'homme de génie eft le feul qui puiffe être véritablement grand phyficien, le feul qui puiffe
prétendre à la gloire brillante de découvrir les grands refforts de la nature.

Mais fi l'efprit livré à lui-même ne
peut pas parvenir à cette deftinée glo-
rieufe, les découvertes qui lui font réfervées, l'utilité dont il peut être à la
fcience, fuffifent bien pour encourager
ceux qui n'ont reçu que cette faculté en
partage, & pour les engager à cultiver
de toutes leurs forces la fcience de la
nature. Ne fiffent-ils qu'ajouter des faits
bien obfervés, c'eft-à-dire bien comparés, aux faits déja connus, ne feviront-
ils pas à pofer les fondemens du vafte
édifice que le génie élèvera enfuite ? Le
hafard feul leur fît-il découvrir des phénomènes nouveaux, n'augmenteroient-ils
pas la maffe des matériaux, fans lefquels
l'efprit ni le génie ne peuvent élever

qu'un monument fantaſtique, que tracer, pour ainſi dire, l'ombre d'un édifice ? Que tout le monde étudie donc
l'intéreſſante partie des connoiſſances humaines dont nous allons nous occuper :
que ceux qui ne pourront pas énoncer
les grandes lois, dévoilent les petits reſ-
forts, ou facilitent la voie à ceux qui devront découvrir les vérités les plus élevées. Tout le monde peut être utile à
la ſcience, & contribuer à ſon avancement : d'ailleurs, l'habitude de comparer & l'exercice de quelques petites
facultés, n'ont-ils pas ſouvent développé
de grandes forces & animé le feu du
génie ?

On me dira peut-être, la méfiance de
ſoi-même diminue ſouvent les forces ou
les enchaîne, & les empêche de produire
tout leur effet. D'un autre côté, le génie peut n'acquérir qu'avec le temps &
l'expérience, le pouvoir de conſidérer
tous les rapports dont l'examen lui appartient ; un jeune phyſicien ne penſera-
t-il pas qu'il doit juger de la nature de
ſes forces, par ſa facilité à parcourir les
différens domaines de l'eſprit & du génie ? D'après tout cela, un jeune phyſicien ne ſe croira-t-il pas ſouvent ſans

génie, lorsque cependant il sera doué de cette noble faculté? Ne se réduira-t-il pas à ne faire à jamais qu'un très-petit usage de ses grandes forces, & ne sera-t-il pas pour la physique un homme presque ordinaire, tandis qu'il auroit pu lui faire faire les plus grands pas? Ne pourra-t-on pas connoître si on a du génie, par quelque moyen différent de celui que le physicien paroît devoir être tenté de prendre? & ne peut-on pas s'assurer qu'on a reçu ce don céleste, sans se mesurer, pour ainsi dire, avec l'espace que le génie doit parcourir?

Il est un moyen qui me paroît indépendant de l'essai de ses forces, pour sentir & juger si on a du génie.

Lorsque celui qui cultive certains arts, ou certaines sciences, est obligé de s'occuper de plusieurs choses ennuyeuses, parce qu'elles sont minutieuses, uniformes & très-souvent répétées, & que par conséquent le génie & l'esprit ont bientôt vu leurs différens rapports, il a besoin de plus ou de moins de *patience*. Si, ainsi qu'on le doit, on distingue avec soin cette faculté d'avec le génie, & si l'on se rappelle la définition que nous avons donnée de ce dernier, on verra sans peine que ce génie eſt *un*, ainſi que l'eſprit; qu'il n'y a pas un génie de la phyſique, un génie de la morale, un génie de la peinture, un génie de l'art dramatique, &c. mais que le même génie eſt propre à toutes les ſciences & à tous les arts; qu'en ſuppoſant Newton, Monteſquieu, Raphaël & Corneille, inſtruits des mêmes choſes & doués de la même patience, ils ſeroient parvenus au même but; que Newton auroit fait des tragédies comme Corneille, Raphaël l'eſprit des lois, Monteſquieu des tableaux comme Raphaël, & que Corneille auroit décompoſé la lumière & démontré l'attraction.

En effet, les ſciences peuvent toutes être compriſes dans la diviſion ſuivante: ſciences mathématiques, ſciences naturelles, ſciences métaphyſiques, & ſciences morales; car on ne doit pas donner le nom de ſcience à ce qui ne peut être regardé que comme un échelon pour y parvenir; & l'on ne doit pas accorder cette noble & auguſte dénomination à une ſimple connoiſſance de faits, quelque importans & quelque aſſurés qu'ils puiſſent être; à cette connoiſſance bornée qui ne les préſente jamais qu'iſolés, & qui, bien loin d'exiger du génie, n'a beſoin que de la mémoire. Or, en quoi conſiſtent les ſciences mathématiques, ſi ce n’eſt dans l’inſpection & la comparaiſon des rapports des nombres ou des différentes parties de l’étendue, dans les conſéquences des réſultats trouvés par ce moyen, dans la comparaiſon de ces conſéquences, &c. ? Nous avons vu en quoi conſiſtoient la phyſique & les ſciences naturelles. Et les ſciences métaphyſiques & morales, qu’eſt-ce qui les conſtitue ? Ne ſont-ce pas la conſidération & la comparaiſon de différentes vérités & de divers faits ? Ne ſont-ce pas les conſéquences tirées des rapports découverts ? Ne conſiſtent-elles pas dans la comparaiſon de ces conſéquences, qui fournit de nouveaux réſultats d’où naiſſent de nouvelles conſéquences ? Toutes les opérations de ces quatre eſpèces de ſciences, ne ſont-elles pas abſolument les mêmes ? ne procède-t-on pas de la même manière pour les étudier ? ne ſuit-on pas la même route ? n’exigent-elles pas les mêmes forces ? ne demandent-elles pas qu’on apperçoive à-la-fois le même nombre de rapports ? Les monumens enfin, élevés dans ces quatre eſpèces de ſciences, ne ſont-ils pas formés d’un nombre égal de

parties femblables ? N'ont-ils pas été
conftruits de la même manière, & ne
diffèrent-ils pas uniquement par la nature de leurs matériaux, qui pour la première font les parties de l'étendue &
les nombres, pour la feconde les faits &
les expériences phyfiques, pour la troifième les premières vérités métaphyfi-
ques, & pour la quatrième les premières
vérités & les faits moraux ? Comment
pourroient-elles donc exiger chacune un
génie particulier ? Le même génie n'é-
lèvera-t-il pas quatre édifices femblables,
& fera-t-il arrêté parce qu'il devra mettre
en œuvre quatre différentes efpèces de
matériaux ? Chaque fcience n'exige donc
pas un génie particulier. Mais il y a plus.

Il ne peut y avoir qu'une efpèce de
génie, & le génie des mathématiques,
non-feulement peut être le même que
celui des fciences naturelles, &c., mais
il doit l'être néceffairement.

En effet, qu'eft-ce qui pourroit différencier les génies ? Seroient-ce leurs manières de voir ? elles font abfolument les
mêmes : feroient-ce les objets qu'ils con-
fidèrent ? dans le fond ils font différens,
ainfi que nous l'avons dit ; mais le font-
ils relativement au génie ? Le génie dans

ſes ſpéculations, ne conſidère pas préciſément un objet en tant qu'il eſt fait de
telle ou de telle manière ; il ne l'examine
pas en tant qu'il eſt nombre, partie de
l'étendue abſtraite ou partie de l'étendue phyſique, fait ou vérité métaphyſique ou morale, mais en tant qu'il reſſemble ou ne reſſemble pas en tout ou
en partie à un autre objet. C'eſt, en quelque ſorte, une faculté diſtinĉte du génie
qui voit l'objet & ſes parties, & qui les
reconnoît pour appartenir à telle ou à
telle ſcience ; elles les préſente au génie,
& celui-ci ne fait que voir ce qui ſe reſſemble, ou ce qui diffère, non pas en
tant que tel objet, mais en tant qu'il diffère ou qu'il ſe reſſemble. Ainſi le génie
ne voit jamais que des choſes ſemblables,
c'eſt-à-dire des reſſemblances ou des différences : il apperçoit des rapports d'objets différens, mais des rapports de même
eſpèce, de même nombre, de même intenſité, &c. Dailleurs, la nature des objets vus peut-elle différencier la vue ? &
la manière de voir ne peut-elle pas ſeule
la diſtinguer ? Le génie eſt donc le même
pour toutes les ſciences : nous allons maintenant voir ce génie commun à toutes les
ſciences, être encore celui de tous les arts.

D vj

Tous les arts, la poéfie, l'éloquence, la peinture, la mufique, l'architecture, la fculpture, &c. s'occupent d'un feul objet qui leur eft commun, des paffions ; foit de ces paffions vives qui nous tranf-portent & nous arrachent à nous-mêmes; foit de ces paffions plus calmes qui nous émeuvent fans nous troubler ; foit des paffions plus froides encore qui ne font en quelque forte que nous faire fentir notre exiftence, & empêcher qu'elle ne coule fans que nous nous appercevions de fon cours. Ils tendent tous à un même & unique but, à peindre ces paffions, ou à les faire naître.

Les paffions ne font que des fenti-mens, ou pour mieux dire, des *fuites* de fentimens. Pour les peindre ou pour les infpirer, il faut commencer par en avoir une idée nette. L'efprit & le génie ne fuffifent pas pour les concevoir clai-rement : il faut avoir éprouvé ces fenti-mens pour les comprendre, au moins pour en connoître les principales faces, ce qui eft néceffaire pour les peindre, & par conféquent pour les faire naître. L'efprit ni le génie, quelque grandes que puiffent être leurs forces, ne peu-vent donc pas feuls & livrés à eux-mêmes, tracer le tableau des paſſions, ni par conſéquent les graver en traits de feu dans nos ames. Le génie ne pourra donc pas lui ſeul cultiver les arts avec ſuccès ; & de quelque eſprit, de quelque génie qu'on ſoit doué, ſi l'on ne réunit pas les feux du ſentiment à la lumière éclatante & ſacrée du génie, ſi on n'a jamais verſé de larmes, on ſaura inſtruire, mais on ne pourra jamais toucher ; on pourra être grand phyſicien, grand mathématicien, grand moraliſte, mais on ne ſera jamais ni éloquent, ni peintre, ni poëte.

Mais ſi le génie ſeul ne peut rien ſur les arts, le ſentiment ſeul n'eſt pas non plus leur maître ; & pour être portés au haut degré auquel ils peuvent atteindre, ils ont beſoin du génie, de cette faculté véritablement intellectuelle, & que l'homme ſeul a reçue.

En effet, pour inſpirer un ſentiment, il faut au moins ſavoir le peindre. Sa ſeule image pourra d'elle - même s'imprimer dans notre ame ; mais encore faut-il que cette image ait été tracée. Pour la former cette image, pour repréſenter un ſentiment, il faut pouvoir le faire reconnoître aux autres ; il faut pour cela l'avoir reconnu ſoi-même ; & comment

le diftinguer, fans avoir examiné les rapports mutuels de fes parties, fans avoir
comparé ces mêmes parties & le tout
qu'elles forment avec d'autres fentimens ?
Et comment faire reconnoître & par conféquent pouvoir diftinguer un fentiment
à un très-haut degré, fans l'avoir comparé ainfi que fes différentes faces, non-
feulement avec plufieurs objets, mais
avec le plus grand nombre d'objets ?
Toutes ces comparaifons ne doivent-elles
pas avoir lieu à-la-fois & dans un feul
inftant, pour produire tout l'effet dont
elles font fufceptibles, & que l'artifte
veut faire naître ? Tout cela n'eft-il pas
exclufivement du domaine du génie ? Il
eft donc néceffaire qu'il fe joigne au fentiment, pour peindre le fentiment ou les
paffions, & qu'il étende & dirige pour
ainfi dire cette faculté vive & prompte,
mais bornée & incertaine pour peu qu'elle
fe répande.

Lorfque les arts ne doivent pas faire
les plus grands & les plus rapides progrès, ou lorfque les paffions qu'on doit
repréfenter font fi vives ou fi naturelles,
que les rapports en font apperçus fans
peine, ou qu'il fuffit d'en faifir quelques-uns, l'efprit peut quelquefois rem-

placer le génie; & ceci doit bien con-
foler les artiftes & les amateurs des arts,
à qui la nature n'a accordé que de l'efprit : ils n'en doivent pas cultiver avec
moins d'ardeur les objets de leurs goûts
& de leurs études ; non - feulement ils
s'enivreront de ces jouiffances délicieufes
qui feules les dédommageront fi bien de
leurs peines ; non - feulement ils imite-
ront jufqu'à un certain point les chefs-
d'œuvre des grands maîtres ; mais ils
accroîtront le domaine de l'art, & en
reculeront les bornes; & même, fi leur
fentiment eft bien vif & bien rapide, leur
efprit feul pourra remplacer entièrement
le génie, & les conduire auffi loin que
ce dernier. Ainfi le fentiment, non-feulement partage avec le génie le droit
d'être néceffaire aux grands progrès des
arts, mais il jouit de cette prérogative
d'une manière plus particulière, puifque
dans les arts le génie peut en quelque
forte être remplacé, tandis que rien n'y
peut tenir lieu du fentiment.

Le fentiment feul pouvant voir les objets qui doivent être comparés, comment
pourroit-on le remplacer? Lorfqu'on doit
juger des objets éloignés, & auxquels
on ne peut atteindre que par le fens de

la vue, comment pourroit-on remplacer les yeux? Que tous ceux dont l'ame glacée n'eſt jamais amollie par la chaleur du ſentiment, qui ne connoiſſent que de nom cette faculté brûlante, qui n'en parlent que par eſprit; que ces êtres en quelque ſorte diſgraciés, & auxquels la nature a refuſé ce qu'elle a accordé aux derniers des animaux, n'eſſaient jamais de réuſſir dans les arts; jamais ils n'en étendront la ſphère; réduits à en traiter froidement, & ſans jamais entrevoir le vrai principe d'après lequel ils devroient en raiſonner, non-ſeulement ils ne ſeront jamais ni éloquens, ni peintres, ni poètes, mais ils ne goûteront jamais les plaiſirs les plus doux qui aient été accordés aux hommes, ces tendres émotions que les beaux arts font naître, ce calme heureux qu'ils répandent, ces tranſports enchanteurs qu'ils inſpirent.

N'eſt-il pas aiſé de voir d'après tout ce que nous avons dit, que le génie qui agrandit les arts & qui les enrichit, eſt le même que celui des ſciences? Ne s'occupent-ils pas des mêmes fonctions? Font-ils autre choſe que comparer, tirer des conſéquences, comparer encore, avec plus ou moins de force, avec plus ou

moins de promptitude ? Ne voient-ils pas
de la même manière ? Leur vue n'est-
elle pas également étendue, & parfaitement femblable ? A la vérité ils apperçoivent des objets différens : le génie des
fciences obferve des faits ou des propriétés phyfiques ou abftraites, c'eft-à-
dire, à proprement parler, confidère des
faits ; & celui des arts examine des fentimens. Mais n'avons-nous pas prouvé
que le génie ne pouvoit être différent
que par fa manière de voir & d'agir, &
que les objets qu'il obferve ou fur lefquels il opère, ne pouvoient influer en
rien fur fa nature ?

A la vérité, comme nous l'avons laiffé
entrevoir, le génie pourra ne pas également réuffir dans les fciences & dans
les arts, même quand il auroit reçu un
égal nombre de connoiffances préliminaires dans les uns & dans les autres,
parce que certains lui préfenteront à confidérer des objets plus petits ou plus nombreux, exigeront par conféquent plus de
patience ; & que cette qualité ne lui eft
pas attachée. Mais le génie joint au fentiment, avancera toujours à grands pas
dans tous les arts & dans toutes les
fciences, pourvu qu'il foit muni des con-

noiſſances préliminaires qui leur ſont propres ; & le génie qui aura brillé dans un
art, ſera toujours de la même nature que
celui qui aura éclairé une ſcience. En un
mot, le génie eſt un, & pour toutes les
ſciences & pour tous les arts.

D'un autre côté, l'eſprit ne peut ſe
plaire qu'avec ce qu'il comprend, qu'avec
ce qu'il voit : les rapports que le génie
a trouvés & conſidérés, ne peuvent guère
être ſaiſis ni vus que par le génie. Non-
ſeulement il faut du génie pour les découvrir ; mais, comme ils occupent un
eſpace immenſe, qu'ils s'étendent pour
ainſi dire en tout ſens, & qu'ils forment
un enſemble des plus vaſtes, le génie ſeul
peut les appercevoir. Il n'arrivera donc
preſque jamais que l'eſprit ſe plaiſe véritablement avec le génie ; il n'admirera
jamais vivement ſes productions que ſur
la parole des autres, & qu'après que les
égaux de l'homme de génie auront placé
ſes ouvrages au rang qui leur appartient :
l'homme uniquement ſpirituel ne reconnoîtra par un ſentiment intérieur qu'une
partie de leur beauté ; il ſera ému en les
voyant, ſur-tout ſi elles appartiennent
aux arts ; mais ſon trouble ne ſera que
léger, & il ne reſſentira jamais de tranſ-

port violent, d'impreſſion profonde, les objets qu'on apperçoit en entier pouvant ſeuls les faire naître.

Ce n'eſt pas que quelquefois l'eſprit ne puiſſe appercevoir dans les productions du génie, un certain nombre de rapports, reſſentir par conſéquent un certain plaiſir, éprouver juſqu'à un certain point le ſentiment de l'admiration : mais, comme les rapports que l'eſprit pourra voir ne formeront pas l'enſemble de l'ouvrage, ils ne ſeront jamais aſſez liés pour exciter une admiration bien vive. Le génie ſeul pourra donc ſe plaire véritablement avec le génie ; mais, non-ſeulement il pourra l'aimer & l'admirer véritablement, il ſera contraint de le goûter d'une manière intime, & on le tranſportera toujours vivement, lorſqu'on lui préſentera un grand enſemble dont les parties ſeront bien liées. En effet, il en eſt de nos facultés intellectuelles, comme de nos facultés phyſiques. Nous ſerons toujours fortement émus lorſque nous pourrons faire uſage de toutes nos forces ; & nous n'aurons jamais qu'un plaiſir médiocre, & en quelque ſorte preſque nul, lorſque nous ne pourrons déployer nos facultés qu'à demi.

D'après ces principes, le génie peut bien se plaire aux productions de l'esprit, puisqu'il peut les embrasser & les voir fort aisément; il doit même s'y plaire, puisqu'il fait usage, en les comprenant, d'une partie de ses facultés : mais ne doit - il pas ne les aimer que foiblement, parce qu'en les embrassant il ne déploie qu'une très - petite partie de ses forces, & parce qu'en les appercevant il ne voit qu'une très-petite partie de l'espace sur lequel ses regards peuvent s'étendre ?

Le sublime n'est en quelque sorte que la réunion d'un très-grand nombre d'idées & de sentimens, dans un seul sentiment ou dans une seule idée, ainsi que l'a pensé un académicien célèbre (a). L'esprit seul ne sera donc de lui - même véritablement frappé que du sublime du dernier ordre, si je puis me servir de ce terme; & lorsque le sublime sera du premier ordre, c'est-à-dire, renfermera le plus grand nombre de sentimens ou d'idées, l'esprit ne l'appercevra que foiblement, & ne sera jamais transporté; au lieu que

─────────

(a) M. de Marmontel.

le génie, toujours ému avec force, en recevra une jouiſſance intime des plus vives.

Le génie & l'eſprit étant les mêmes pour toutes les ſciences & pour tous les arts, il eſt aiſé de voir que toutes les fois qu'un homme d'eſprit & un homme de génie feront doués d'aſſez de connoiſſances préliminaires, ils devront être également touchés par les productions de l'eſprit & du génie, ſoit qu'elles aient ſervi à étendre les bornes de la phyſique, de la morale ou de la poéſie, &c.

Lors donc que quelqu'un voudra connoître ſi la nature lui a donné le génie, qu'il liſe avec attention les ouvrages qu'une admiration univerſelle & ſoutenue ont reconnus pour appartenir au génie; qu'il contemple dans les arts les monumens qu'un conſentement général a rapportés à ce même génie, & qu'il apporte à cette étude & à cette contemplation les connoiſſances préliminaires néceſſaires. S'il lit froidement & ſans enthouſiaſme, s'il n'eſt ému ou tranſporté qu'à demi, s'il n'eſt pas ravi pour ainſi dire en extaſe à la vue de l'empreinte ſacrée du génie, ſi un trait ſublime l'effleure lorſqu'il devroit le percer, la na-

ture lui a refufé fa célefte lumière ; non-
feulement il ne poffède pas le génie développé ; il n'en a feulement pas reçu
le plus foible rayon : il ne doit pas s'attendre à dévoiler les grands fecrets de
la nature ; il pourra découvrir des vérités,
rendre des fervices à la fcience, & l'a-
vancer ; mais il n'aura que de l'efprit :
&, s'il élève un monument durable, ce
ne fera pas un monument immenfe.

Mais s'il écoute avec tranfport la voix
du génie qui lui parlera dans les écrits
des grands hommes ; fi cette voix forte
& divine grave fes paroles dans fon ame
en caractères profonds ; s'il eft hors de
lui-même en contemplant les vaftes productions & les grands enfembles ; fi les
chefs-d'œuvre des arts, au moins de ceux
pour lefquels fes organes font formés, fi
ces chefs-d'œuvre le raviffent ; s'il les
goûte pour ainfi dire intimement ; fi fes
yeux fe rempliffent de larmes ; fi fon
cœur eft oppreffé ; s'il s'identifie avec
l'auteur de l'ouvrage qu'il admire, &
s'applique tout entier avec lui à chaque
partie de ce même ouvrage ; s'il fent naître dans fon ame un ardent defir de créer
de grandes chofes ; & fi la vue nette de
grandes productions lui infpire une cer-

taine confiance de les imiter, la nature a allumé pour lui le flambeau du génie : bientôt tout s'applanira fous fes pas ; les grandes découvertes lui font réfervées ; il verra pour ainfi dire la nature fans aucun voile, & fera immortel comme elle.

A la vérité, s'il eft doué d'une fenfibilité profonde, l'efprit feul pourra lui faire éprouver, à la vue des chefs-d'œuvre des arts, toutes les fenfations que je viens de décrire. Mais que le jeune phyficien qui fentira brûler dans fon ame un feu trop vif de fenfibilité, & fe méfiera de cette faculté ardente dans l'épreuve qu'il voudra faire de fes forces, effaie fon ame devant les chefs-d'œuvre des fciences, pour lefquels le génie ne pourra jamais être remplacé par la fenfibilité ; & s'il reffent l'état d'extafe que nous avons tâché de peindre, qu'il foit toujours fûr d'avoir du génie.

Mais quelle voie doit tenir le phyficien qui non-feulement veut que la poftérité conferve fes découvertes & le dépôt dans lequel il les aura confignées, mais qui defire qu'il ne foit pas néceffaire de remplacer le réfultat de fes travaux par de nouveaux ouvrages, à mefure que la fcience s'étendra ?

Le phyſicien doit conſidérer le vaſte domaine de la phyſique, comme un pays immenſe dont on ne connoît parfaitement qu'une portion aſſez petite. Pluſieurs de ſes parties n'ont été apperçues que de deſſus des hauteurs; on n'a vu les autres que de plus loin encore, & on n'en a pour ainſi dire découvert que les côtés : d'autres enfin n'ont été reconnues ni à l'intérieur, ni à l'extérieur; on ne les a pas même entrevues de loin; on ſait ſeulement qu'elles exiſtent.

Pour avoir une idée encore plus juſte de ſon domaine, le phyſicien ne doit pas conſidérer les pays parfaitement connus, comme l'étant dans toutes leurs parties; ils ne le ſont quelquefois que dans quelques-uns de leurs points. Quelquefois ces points connus paroiſſent iſolés, tant les eſpaces qui les ſéparent ſont couverts de ténèbres épaiſſes, & reſſemblent à un vide parfait. D'autres endroits ſont encore voilés par des nuages qui, de temps en temps, paroiſſent vouloir s'éclaircir & laiſſer appercevoir une partie des régions qu'ils couvrent, mais qui, le plus ſouvent, ne ſe remuent que pour s'entaſſer de nouveau, & devenir plus épais.

Quelquefois les points connus ſont liés
par

par des communications bien diſtinctes, & ont même des rapports bien marqués avec les points des régions voiſines. Quelquefois auſſi on a apperçu la ſituation d'un pays relativement à un autre ; mais d'autres fois elle n'a été fixée qu'au haſard. Ici, le pays qu'on a aſſez bien apperçu, eſt terminé & limité dans tout ſon contour par des plages reconnues ; la circonférence en eſt parfaitement tracée : là, ſes limites ne ſont établies d'une manière certaine que dans quelques - unes de ſes parties, & une portion de ſon circuit eſt encore à découvrir.

Cette comparaiſon du domaine du phyſicien, avec un vaſte pays ou une grande partie de la ſurface du globe, ne me paroît pas pouvoir être rejetée : elle nous fournit le moyen que nous cherchons de faire qu'un ouvrage de phyſique n'ait jamais beſoin d'être remplacé par un nouvel ouvrage.

Quelle eſt la fonction du phyſicien ? de décrire ſon domaine. Que doit renfermer un ouvrage de phyſique ? la deſcription de ce même domaine. Ne doit-il pas être en quelque ſorte la carte de ce grand pays ?

Maintenant, voyons comment un géo-

graphe peut empêcher qu'on ne subfti-
tue une nouvelle carte à celle qu'il aura
faite d'une partie de la furface du globe ;
& appliquons enfuite au phyficien ce que
nous aurons dit du géographe.

Si ce dernier rapporte également fur
fa carte les pays entièrement connus &
ceux qui ne le font qu'à demi, les diftances certaines & celles qui n'ont été jamais
mefurées ; s'il trace également fur fa carte
les contours établis par des obfervations
fûres, & ceux qu'on n'a fait que foupçon-
ner ; s'il ne diftingue pas, au milieu des
pays bien connus, les endroits qui font encore à découvrir, ou dont la fituation n'a
été trouvée que par conjecture ; s'il n'indique pas la vraie place des pays inconnus ;
s'il ne marque pas d'une manière bien remarquable les points invariables qui ont été
bien déterminés, comme les très-hautes
montagnes auxquelles dans tous les temps
on pourra rapporter les diftances des différens endroits déja découverts ou à découvrir ; s'il ne fait enfin fa carte que
comme plufieurs phyficiens ont fait leurs
ouvrages, on aura bientôt befoin de la
remplacer par une autre : mais s'il commence par marquer fur fa carte les lieux
invariables, & dont la diftance a été fixée ;

s'il diftingue enfuite & rapporte à ces premiers points tout ce qui fera également déterminé; fi, lorfque les endroits feront connus, mais qu'on ignorera leur éloignement, il indique leur diftance, comme étant encore à chercher; ou fi, lorfqu'on n'aura apperçu que leur diftance, il marque les endroits mêmes, comme étant à reconnoître; s'il diftingue les limites douteufes, d'avec celles qui font bien établies; s'il défigne exactement la place de pays inconnus, ou s'il marque cette place comme incertaine, lorfqu'elle le fera réellement: mais s'il établit en même temps, le plus près qu'il pourra, des endroits fur lefquels on pourra fe fixer pour trouver cette place & en rapporter la mefure, alors fa carte ne fera jamais remplacée; ce fera toujours fur fon ouvrage que travailleront les nouveaux géographes. Lorfqu'ils auront déterminé une diftance incertaine, ils ne feront que rapporter cette découverte fur l'ancienne carte qu'ils conferveront; ils y traceront les nouveaux lieux, les nouveaux pays qu'ils reconnoîtront, & pour lefquels le premier géographe leur aura laiffé de la place: ils fixeront leur fituation d'après les points invariables qu'ils trouveront fur cette même carte; ils ne feront enfin qu'en remplir les blancs, & la rendrecomplète, au lieu de la remplacer parune nouvelle.

.C'eſt ainſi que doit faire le phyſicien. Il doit commencer par poſer des points fixes : les grandes vérités déja démontrées feront ces points invariables ; il leur rapportera toutes les queſtions phyſiques, ou établira ces points de manière qu'elles puiſſent y être rapportées : il diſtinguera avec le plus grand ſoin les vérités démontrées, les vérités prouvées, les choſes probables, les choſes hypothétiques, & les queſtions entièrement inconnues ; il indiquera par-tout avec ſoin ce qui ſera encore à découvrir, tracera une place pour ces régions entièrement cachées, & laiſſera pour ainſi dire des blancs à remplir. Par-là, ſon travail ne ſera pas remplacé : les phyſiciens qui lui ſuccéderont, ne feront en quelque ſorte qu'écrire ſur ſon ouvrage ; ils en rempliront les vides, ajouteront aux deſcriptions déja faites les deſcriptions nouvelles des objets qu'ils auront apperçus, feront ſuccéder des vues certaines à des peintures incertaines, remplaceront le probable par le prouvé ; mais ils rapporteront tout aux points fixes, établis par le premier phyſicien ;

ils ne toucheront jamais ni au plan, ni aux fondemens de son ouvrage : ils décoreront, étendront, exhausseront l'édifice; mais ce sera toujours le même bâtiment qu'ils agrandiront, sans jamais l'abattre, & qu'ils n'abandonneront jamais pour en élever un nouveau.

Nous avons tâché de suivre avec soin dans la physique que nous publions, la manière dont nous venons de voir que le physicien doit tracer son ouvrage, afin qu'on n'ait jamais besoin de le remplacer, quelque grand nombre de découvertes qu'on puisse faire dans la suite.

Indépendamment des grands avantages que le physicien obtiendra en suivant les routes que nous venons d'indiquer, il établira, en les parcourant, une ligne de séparation qu'il nous paroît bien important de tirer, & qu'on n'a pas tracée jusqu'à présent d'une manière assez distincte. Il marquera les vérités principes ; il les éclairera fortement ; il les distinguera des probabilités qui ne seront que foiblement colorées, parce que leurs rapports peu nombreux, & quelquefois incertains, ne seront que foiblement indiqués ; il séparera les choses sur lesquelles il ne faut plus revenir pour les examiner, d'avec celles qu'il faut étudier encore : il assignera les questions à résoudre, les chemins qui mènent à leur solution, ou l'incertitude des rapports de ces mêmes questions, &c. Et quels services ne rendra-t-il pas par-là à la science ? Dès-lors les efforts des physiciens ne concourront-ils pas toujours à l'avancement de la physique ? On ne verra plus quelques-uns d'eux perdre leurs peines & leur temps à démontrer des vérités certaines ; mais ils tourneront leurs travaux vers les vérités encore cachées. Ils n'emploieront plus leurs forces à voyager vers des pays parfaitement découverts, mais uniquement vers ceux dont on n'aura qu'une légère idée, ou dont les limites seront encore inconnues. On ne sera plus exposé à confondre un principe prouvé avec un principe uniquement probable ; à partir de l'incertain comme d'un point fixe ; à tomber ainsi d'erreurs en d'autant plus d'erreurs, qu'on parcourra un chemin plus étendu ; & ainsi, bien loin de voir la marche des physiciens être rétrograde, & de grands esprits ne rendre d'autre service à la science que celui d'en rétrecir l'empire, ne verra-t-on pas tous les physiciens, pour peu qu'ils aient de forces, faire avancer la science.

Nous l'avons dit, & nous ne faurions trop le répéter, les faits font l'unique bafe d'une bonne phyfique : celui qui trouve un fait rend donc un grand fervice à la fcience, puifqu'il fournit des matériaux précieux à ceux qui doivent élever l'ouvrage. Mais que le phyficien ne prétende à la gloire, que lorfqu'il ne devra pas fa découverte au hafard feul, qu'il aura eu des vues, raifonné fes procédés, & dirigé fa marche vers des faits, s'il n'a pas cherché celui qu'il a trouvé; & qu'il n'oublie jamais que fa vraie deftination & le véritable moyen d'avancer la fcience ne font pas de voir un fait, mais de le bien voir ; de l'obferver fous fes différentes faces, de comparer fes diverfes parties, de remarquer fes rapports avec les faits déja recueillis, de lier ainfi cette connoiffance nouvelle avec les connoiffances déja acquifes ; car des faits ifolés, car les chofes qui n'exigent que de la mémoire, ne formeront jamais le plus petit commencement de fcience. C'eft en ne perdant jamais ces vérités de vue, que les grands hommes fe font élevés à la gloire qui les environne, & que le phyficien parviendra à celle qui lui eft réfervée.

E iv

A l'égard de la manière dont celui qui cultive la phyſique doitpréſenterſes idées, ſes travaux & ſes obſervations, il écrira toujours bien lorſqu'il aura bien conçu & bien médité ſon ſujet; qu'il portera un regard attentif ſur l'objet qu'il voudra peindre, & qu'il dira ce qu'il verra. Ne mettra-t-il pas en effet alors de l'ordre & de la clarté dans ſes ouvrages? ſon tableau ne ſera-t-il pas reſſemblant? & par conſéquent ne peindra-t-il pas avec force?

Pour que ſon ſtyle ſoit parfait, il faut de plus qu'il n'oublie jamais la nobleſſe de ſa deſtination; qu'il ne ſe permette rien de bas, rien qui ne réponde à la dignité & à la grandeur des objets dont il traite; qu'il ſoit intéreſſant, ſans ceſſer d'être grave; & qu'il ſache que la ſtatue de la nature ne reſſemblera à ſon modèle, que lorſqu'elle ſera l'image d'une beauté parfaite, pleine de graces & de charmes, mais dont la phyſionomie noble & majeſtueuſe eſt toujours un peu ſévère, & qui, réfléchiſſant en quelque ſorte des rayons d'une gloire céleſte & divine, doit porter toujours l'auguſte caractère de l'auſtère vérité.

Entrons maintenant dans la vaſte carrière que nous avons meſurée de l'œil :

examinons tout ce qu'elle renferme, le
plus en détail que nous le pourrons; faisons coïncider sur chaque objet le plus
grand nombre de rayons; accumulons
la plus grande quantité de faits, & ajou-
tons les expériences que nous avons faites, à celles qui sont dues aux physiciens
qui nous ont précédés.

LIVRE PREMIER.

CHAPITRE PREMIER.
De l'Espace.

AVANT d'examiner la matière & de rechercher ses propriétés générales, portons nos regards sur l'espace. Ici nous nous enfonçons dans des ténèbres épaisses, au milieu desquelles nous pouvons nous égarer de tous côtés, sans jamais rencontrer l'ombre la plus légère de ce que nous connoissons & de ce que nos sens peuvent appercevoir, sans jamais entrevoir la plus foible clarté.

Lorsque nous examinons les vérités & les qualités abstraites, nous les concevons, nous en avons une idée nette, nous les voyons même pour ainsi dire, parce que, quelque étrangères qu'elles soient à nos sens, elles sont composées en quelque sorte de choses, de vérités, de qualités particulières sensibles ; & parce que, si leur tout est au dessus de l'examen de ces mêmes sens, leurs parties y sont cependant soumises. Mais dans la confidération de l'efpace, ni tout ni partie ne peut agir fur nos fens ; rien ne reffemble, rien n'a le plus petit rapport avec ce qui peut les émouvoir : ils ne peuvent être affectés que par la matière ; & l'efpace, confidéré en lui-même, ne renferme rien de matériel, n'a en quelque forte rien de commun avec la matière, ne jouit en quelque forte d'aucune de fes propriétés.

Le caractère de la grandeur n'eft-il pas même différent pour la matière & pour l'efpace ? Dans la matière, nous n'avons jamais que des idées de grandeurs finies. Quelque vafte que nous puiffions la fuppofer, nous ne pouvons pas la concevoir fans bornes ; nous fommes toujours obligés d'en venir à admettre un point auquel elle finit : au lieu que, dans l'efpace, aucune idée de limites ne peut naître ; il eft pour nous une immenfité.

Si nous ne le concevons pas comme infini, (l'infini étant au deffus de notre imagination) nous ne pouvons pas du moins le concevoir comme fini. Notre efprit s'égare dans l'efpace, fans jamais pouvoir s'accrocher à rien de folide ; il n'y rencontre que de vains fantômes qui n'ont aucun rapport avec les chofes connues, & qui ne peuvent le fixer; il les entraîne avec lui, s'enfonce & se perd fans ceffe dans cette nuit profonde.

Au milieu de cette obfcurité, tâchons de faire luire quelque éclair; & fi l'efpace renferme quelque propriété dont nous puiffions nous former une idée, cherchons à la dévoiler.

Commençons pour cela par écarter de ce mot *efpace*, pris dans le fens le plus général, tout ce qui ne lui appartient pas. Nous devons diftinguer avec foin l'*étendue* de l'*efpace*. L'étendue eft une propriété de la matière qui lui eft effentielle; elle ne peut pas exifter fans la matière à laquelle elle appartient. L'efpace eft au contraire indépendant de toute matière; il peut la contenir, mais il peut auffi ne pas la renfermer : & même lorfqu'on nomme l'efpace, on entend le plus fouvent parler de ce qui ne renferme pas le plus petit atôme, & qui feulement peut recevoir toute efpèce de matière. L'étendue eft à la vérité une des propriétés de l'efpace; mais cette étendue n'eft pas celle qui appartient à la matière; elle eft infinie & incommenfurable même pour l'imagination. L'étendue proprement dite, eft toujours liée avec un corps; l'espace n'est au contraire que le vide, le vide parfait, le vide proprement dit.

Dès que l'espace & le vide ne sont qu'une même chose, pour avoir quelque idée de l'espace, tâchons de trouver quelques proprietés dans le vide.

Distinguons avec soin le vide proprement dit, l'absence de toute matière, de toute chose sensible, quelque ténue qu'on pût la supposer, de l'absence de quelque fluide particulier. Lorsqu'on a ôté d'un vaisseau tout l'air qu'il renfermoit, on n'a point formé pour cela un véritable vide dans son intérieur; on y a produit uniquement *un vide d'air*, si je puis me servir de ce terme. On n'y fait pas plus naître le vide en général, que lorsqu'on ôte de ce même vaisseau l'eau dont il étoit rempli.

Lorsqu'on empêche toute lumière de pénétrer dans quelque intérieur, on n'y produit que l'absence de la lumière, en supposant même que cette substance ne soit qu'une émission des corps lumineux, & ne consiste pas dans un fluide disséminé par-tout : on n'y fait naître en aucune manière le vide proprement dit. Tous ces vides particuliers ne sont que

des privations d'un fluide, ou d'une matière particulière. Le vide véritable, l'eſpace en général, eſt la privation de tout
fluide, l'abſence abſolue de toute matière.

Nous pouvons faire naître à volonté
quelques vides particuliers, enlever à l'intérieur d'un corps ou d'un vaſe tout l'air
qu'il peut renfermer; mais nous ne pouvons pas dans ce moment le priver de
tous les fluides qu'il peut contenir. Si nous
enlevons l'air, ſi le fluide électrique ſe
laiſſe entraîner, ſi on peut fermer tout
paſſage à la lumière, ſi on peut ravir à
un corps toute ſa chaleur, peut-on empêcher qu'il ne ſoit rempli de fluide magnétique; que le principe des odeurs ou
celui des ſaveurs ne s'introduiſe dans ſon
intérieur; que quelque autre exhalaiſon
ou vapeur ſubtile n'y parvienne au travers de ſes pores, ou ne s'y forme & ne
le rempliſſe à meſure qu'on le privera
d'autres fluides? Peut-être même ne pourrons-nous jamais y parvenir.

Au reſte, nous ne parlons que des vides produits dans un eſpace un peu conſidérable; car il eſt aiſé de voir que lorſque nous raréfions un corps par le moyen
de la chaleur, nous produiſons au moins

quelquefois, des vides parfaits entre chacune des molécules que nous écartons,
& que cependant nous n'éloignons pas
affez pour que les intervalles qu'elles laiffent puiffent être remplis par l'air. A la
vérité, on pourroit dire que fi l'air ne
peut pas pénétrer dans les pores que nous
dilatons, nous y laiffons parvenir d'autres fluides, & que nous y portons au
moins la chaleur : mais ne doit-il pas
quelquefois arriver que les différens fluides
& que la chaleur même introduits dans
les pores dilatés, ne rempliffent pas entièrement la nouvelle étendue que les
pores acquièrent par les efforts de cette
même chaleur ? & ne devons-nous pas
continuer de dire que nous faifons naître
quelquefois des vides parfaits ? Si nous
ne les produifons qu'en petit, fi nous ne
pouvons jamais les étendre & les circonf-
crire à notre gré, comme nous pouvons regler les efpaces auxquels nous enlevons l'air & la lumière, en font-ils
moins des vides parfaits ? N'agrandiffons-
nous pas les vides qui font déja formés ;
& agrandir quelque chofe n'eft-ce pas en
former une partie ?

Nous avons dit que l'étendue appar-
tenoit à l'efpace ou au vide, & étoit une

de ſes propriétés : ſi nous pouvions avoir idée de cette propriéte, nous aurions quelque idée de l’eſpace, & il ne ſeroit plus pour nous auſſi incompréhenſible. Mais cette propriété n’eſt pas la même, avons-nous dit, que l’étendue de la matière : celle-ci eſt finie, & l’étendue de l’eſpace eſt infinie. Examinons cependant de plus près ces deux propriétés, & voyons ſi elles n’ont rien de commun.

Elles ſe rapprochent l’une de l’autre, en ce qu’elles ſont toutes les deux diviſibles, mais en cela même elles ne ſe rapprochent qu’à demi ; elles ſe touchent ſans ſe confondre, & conſervent toujours leur caractère ; l’une, le caractère fini, & l’autre, le caractère infini. La matière ſe diviſe en quarts, en tiers, en moitiés, &c. On peut dire le quart, le tiers, la moitié d’un corps ; au lieu que l’eſpace ne peut pas ſe diviſer ainſi : on ne peut pas dire le quart de l’eſpace en général. En effet, on ne peut pas dire le quart ou le tiers de l’infini ; le quart, le tiers devant néceſſairement ſe rapporter à une unité, à quelque choſe qui ait des bornes.

Mais voici ce qu’elles ont de commun. On peut prendre dans la matière une certaine étendue d'un pied, de deux pieds, &c. : on peut de même prendre dans l'efpace une étendue d'un pied, de deux pieds : on peut la prendre à-la-fois dans les trois dimenfions en longueur, en largeur & en profondeur, & avoir par ce moyen une efpèce de folide dans le vide, avoir un certain efpace déterminé qui n'aura aucun rapport avec le vide en général, car le déterminé ou le fini, n'en peut avoir aucun avec l'indéfini ou l'indéterminé; mais qui en aura avec l'étendue matérielle, pourra être comparé avec cette étendue, & qui comme cette dernière pourra être divifé en tiers, en quarts, &c. parce qu'il fera borné & limité.

L'étendue du vide en général n'a donc rien de commun avec l'étendue matérielle; mais dans cette étendue on peut concevoir des étendues particulières, entièrement femblables à l'étendue matérielle, mefurables & divifibles comme cette dernière.

La divifibilité du vide a donc quelque chofe de commun avec la divifibilité de la matière; elle peut donc être connue en partie; nous pouvons donc en avoir une idée. Le vide a donc une propriété commune, en partie, avec une propriété de la matière ; nous pouvons donc avoir une idée du vide ; mais cette idée est la seule que nous puissions en avoir. De quelque manière que nous cherchions d'ailleurs à l'envisager, il échappe à la vue de notre esprit, comme il se dérobe à nos sens ; & non-seulement nous ne le comprenons, mais nous ne le concevrons jamais autrement que par sa divisibilité. Étant par sa nature l'absence de toute chose, il ne peut absolument être doué d'aucune autre propriété que de celle de l'étendue ; c'est-à-dire, il ne peut que s'étendre plus ou moins loin, & être en plus ou moins d'endroits l'absence de toute chose, de toute matière, de toute substance sensible.

Nous avons donc déja découvert tout ce que nous pouvons savoir relativement à la nature du vide, puisque nous connoissons la seule propriété dont il puisse jouir, & que dans cette propriété nous avons dévoilé tout ce que nous pouvons connoître. Les efforts des physiciens ne doivent donc plus se diriger vers la nature du vide ; ils ne doivent plus songer qu'aux moyens de produire à volonté ce vide parfait, c'est-à-dire, l'absence absolue de toute matière, de tout fluide, de toute subſtance, & à la faire naître avec autant de facilité qu'ils produiſent l'abſence de l'air. Ce ſeroit faire faire un grand pas à la phyſique; & ſi la machine pneumatique & les autres différens moyens imaginés depuis quelques ſiècles pour enlever l'air à un eſpace donné, ont été le germe de tant de vérités fécondes, que de ſecrets ne dévoileroit pas un moyen de priver un eſpace quelconque, non-ſeulement de l'air qui le remplit, mais de tous les fluides qu'il peut renfermer? L'importance du but doit bien engager les phyſiciens à s'efforcer de l'atteindre; & d'ailleurs, quand, en cherchant à y parvenir, ils ne réuſſiroient qu'à trouver le moyen d'enlever preſque entièrement la lumière, le fluide électrique ou le fluide magnétique à un eſpace donné, quel ſervice ne rendroient-ils pas à la ſcience?

Mais on me dira peut-être, ne parlez-vous pas d'une chimère? N'eſt-ce pas d'un être de raiſon que vous voulez que les phyſiciens s'occupent? Cet eſpace, cette abſence de toute matière, ce vide dont vous avez trouvé une propriété avec tant de peine, n'eſt-il pas un ſimple produit de l'imagination de quelques phyſi-

ciens, & exifte-t-il réellement? Tout
n'eft-il pas rempli d'une matière plus ou
moins ténue, qui paffe aifément au travers de tous les corps, & en occupe tous
les intervalles?

Ce n'eft pas ici le lieu de rechercher s'il
exifte ou non une matière plus ou moins
ténue, fubtile & déliée, que les pores les
plus étroits ne puiffent arrêter, fi cette
matière eft difféminée par-tout, &c.; mais
quoiqu'il en foit de fon exiftence, quelque
opinion de phyfique qu'on adopte, en
quelque endroit qu'on place cette matière ténue, foit qu'on en rempliffe ou
non les intervalles qui féparent les corps
céleftes, & qu'on exclue le vide de quelque point qu'on voudra, il faudra toujours l'admettre quelque part. Il faudra
toujours, fi on adopte la matière fubtile,
reconnoître l'exiftence du vide entre les
pores de cette matière. Si on vouloit fuppofer un plein abfolu, ne faudroit-il pas
renoncer à toute élafticité des corps, à
tout mouvement, à toute compreffion,
ou rejeter l'impénétrabilité des molécules compofantes de la matière? ce qui
feroit abfurde. Les fciences, & particulièrement celle de la phyfique, font maintenant trop avancées pour que j'aie be-

ſoin de diſcuter une queſtion qui ne peut plus en être une qu'un inſtant, & pour que j'aie beſoin de prouver une vérité qu'on ne doit que préſenter, & dont mal-heureuſement les phyſiciens ne ſe ſont occupés que trop long-temps, au lieu d'employer leurs travaux à de nouvelles découvertes.

Le véritable ſiège du vide & de l'eſpace en général, eſt au-delà des bornes de l'univers créé; c'eſt-là qu'exiſte cette profondeur infinie qu'aucune limite ne termine, & qui mérite proprement le nom d'eſpace; c'eſt-là cette table qui attend qu'une main créatrice y trace un nouvel univers.

Lorſque dans une belle nuit d'été on conſidère le nombre infini d'étoiles qui rayonnent ſur nos têtes, ſi l'on ſe dit à ſoi-même que ces étoiles ſont autant de ſoleils ſéparés les uns des autres par des eſpaces immenſes; que peut-être chacun de ces ſoleils voit circuler autour de lui cinq ou ſix cents comètes, & un très-grand nombre de planètes & de ſatellites; que cette foule d'aſtres que nous apper-cevons ne ſont qu'une très-petite partie de ceux que nous découvrons par le moyen du téleſcope, & qu'au-delà de tous ces corps céleftes, il exifte encore de nouvelles foules de foleils tout auffi innombrables; l'imagination fe perd dans cette immenfité, &, accablée fous le nombre, elle demeure confondue.

Si alors on lui dit que cet univers fi grand, fi immenfe, eft cependant limité, qu'il eft terminé par un efpace, par un vide fans bornes, elle eft encore accablée & peut-être plus confondue. Son étonnement feroit moindre, fi elle faifoit les confidérations fuivantes.

Premièrement, ce néant, ce vide, cet efpace dans lequel l'univers eft contenu, n'eft autre chofe que ce vide, ce néant, cet efpace que l'univers renferme en tant d'endroits, & qui eft contenu dans le plus petit affemblage des molécules les plus déliées : ces deux vides font abfolument de la même nature; ils ne diffèrent que comme une partie entièrement femblable à un tout, diffère de ce même tout. Ce paffage de l'être au néant, de l'univers créé à l'efpace incréé; ce paffage qui étonne même notre imagination, quelque grand que foit le nombre des êtres extraordinaires qu'elle enfante, ce paffage exifte donc cependant en mille endroits autour de nous; il exifte en nous; il exifte en quelque forte autour de la plus petite molécule qui fert à notre compofition.

Secondement, il ne faut pas s'imaginer que l'univers finiffe tout d'un coup, qu'il y ait un paffage brufque de l'univers dans l'efpace ; qu'ils foient divifés par une féparation bien diftincte, par une grande ligne de démarcation ; ils fe mêlent en quelque forte & defcendent l'un dans l'autre par des nuances infinies : l'univers fe dégrade infenfiblement dans le néant, & l'être fe fond dans le *non-être*, comme les êtres particuliers s'écoulent les uns dans les autres; &, pour le prouver, voyons ce qui conftitue l'univers.

Qu'eft-ce que renferme ce grand affemblage de globes opaques & de globes lumineux, féparés par de grands intervalles? Ou ces intervalles font remplis par une matière ténue particulière qui finit avec l'univers, ou non. Supppofons qu'elle n'exifte pas ; les globes lumineux ne peuvent pas être cenfés placés aux limites de l'univers : indépendamment d'autres raifons, leur lumière s'enfonceroit dans l'efpace, & l'univers s'étendroit avec elle. Voyons fi cette lumière doit finir d'une manière tranchée, ou fi elle doit s'anéantir infenfiblement.

Que l'on place un grand flambeau, un grand feu allumé à une certaine distance : ce flambeau, ce feu doivent, relativement à notre objet, représenter parfaitement une étoile, un globe lumineux par lui-même. Que ce flambeau brille dans l'obscurité, afin qu'on puisse mieux s'appercevoir de tous ses phénomènes, & qu'on s'en éloigne jusqu'à ce que l'on le perde de vue, & que le plus petit rayon de sa lumière ne parvienne plus à l'observateur ; on ne cessera pas de le voir tout d'un coup, de quelque côté qu'on le considère, au moins si aucun corps opaque ne vient dérober tout d'un coup sa clarté. Il n'y aura pas un point en-deçà duquel on ne l'appercevra absolument pas, & au-delà duquel on le verra entièrement. Mais on commencera par n'en distinguer que la moitié, le tiers, le quart ; insensiblement le flambeau n'enverra plus jusqu'au spectateur que quelques rayons rares : ces rayons s'affoibliront peu à peu ; leur nombre diminuera : on ne verra plus que quelques molécules lumineuses arriver de temps en temps, en laissant entre leurs apparitions de grands intervalles d'obscurité ; ces intervalles ténébreux deviendront

plus

plus longs & plus fréquens ; & enfin on n'appercevra pas le plus petit atôme de lumière, & l'on fera plongé dans l'obfcurité la plus parfaite.

Ce que nous venons de dire de la lumière d'un flambeau, on doit le dire de toute efpèce de fluide qui tirera fon origine d'un centre, c'eft-à-dire, qui devra néceffairement diminuer fuivant un certain rapport de la diftance; car la même caufe fubfifte pour tous les fluides. Toute diminution qui fe fait fuivant une certaine loi de la diftance, & qui s'étend jufqu'à zéro, ne parcourt-elle pas en effet une infinité de nuances qui fe dégradent fucceffivement? ne donne-t-elle pas une progreffion décroiffante à l'infini?

Ceci doit nous faire voir en même temps, qu'il n'eft pas poffible de dire que la réfiftance de l'air, du milieu au travers duquel on peut appercevoir de loin un flambeau, produife cette diminution fucceffive & infenfible, dont nous venons de parler. La réfiftance de l'air peut bien empêcher la lumière de s'étendre auffi loin, & hâter fon extinction : fi l'on veut même, elle peut influer fur la loi de fon décroiffement, & même encore

produire dans la lumière cette efpèce
d'annihilation fucceffive; mais elle n'eft
pas la feule caufe qui la faffe ainfi décroître. La lumière s'affoiblit ainfi, parce
qu'elle part d'un centre, parce qu'elle
obéit à des lois entièrement indépen-
dantes de la réfiftance de l'air & de quelque milieu que ce puiffe être, & qui
doivent agir fur elle, quelque part qu'elle
brille. La lumière des étoiles ne doit
donc pas être féparée du néant d'une
manière tranchée ; elle doit fe perdre infenfiblement dans l'obfcurité du vide, ou
de l'efpace en général.

D'un autre côté, nous verrons dans
la fuite de cet ouvrage, qu'on ne peut
pas dire que les planètes & les comètes
qui tournent autour des étoiles & des
globes enflammés, & que les corps
opaques qui circulent autour de ces foleils, s'étendent dans le ciel à des diftances auffi confidérables du centre de
leurs révolutions, que les derniers rayons
de lumière qui partent de ce même
centre. Si les efpaces céleftes ne font pas
remplis d'un fluide particulier, d'une
matière rare & fubtile, on peut donc
dire que l'univers n'eft pas féparé du
néant par des limites marquées, mais

qu'il décroît par un millier de nuances, & s'oblitère insensiblement dans l'espace.

Si au contraire tout est rempli d'une matière ténue, l'univers me paroît devoir être de même fondu dans le vide en général. En effet, on verra aisément, ce me semble, que cette matière subtile, que ce fluide disséminé, quelle que soit sa nature, doit recevoir des corps célestes qui brûlent ou qui circulent dans ses flots, un mouvement d'attraction ou un mouvement d'impulsion : dès-lors ce fluide doit rentrer dans la classe de ceux qui partent d'un centre ; il doit donc, ainsi que la lumière, se dégrader insensiblement, tomber dans le néant par couches successives : l'univers doit donc également, dans cette supposition, se fondre dans l'espace.

Si, d'un autre côté, l'on fait attention au nombre infini des corps célestes, à la diversité de leurs grandeurs, de leurs forces, &c. on verra aisément, d'après notre dernière considération, que la figure que l'univers présente au milieu du vide, doit être des plus irrégulières; & ainsi, la nature non-seulement ne suit jamais l'exacte régularité que notre seule imagination a fait naître, dans les ouvrages dont elle a rempli l'univers, mais elle ne la fuit pas même dans l'enfemble de ces ouvrages, & dans la figure entière de ce même univers.

Maintenant, pour remplir autant qu'il eft en nous le plan que nous avons vu que tout phyficien devoit s'impofer, diftinguons, relativement au vide & à l'efpace en général, les connoiffances certaines que nous poffédons.

CONCLUSION.

Nous ne pouvons avoir d'autre idée du vide en général, que celle que nous donne la facilité avec laquelle nous y concevons un efpace déterminé, & en-fuite divifible. Le vide parfait doit être admis non-feulement hors de l'univers, mais même dans cet univers. L'univers & l'efpace fe mêlent pour ainfi dire fur leurs confins, & finiffent l'un dans l'autre par des nuances infenfibles. Les phyfi-ciens doivent s'attacher à former un vide différent du vide d'air qu'ils font naître à leur gré, & ils doivent s'efforcer de le produire le plus parfait & le plus voifin qu'ils pourront du vide abfolu.

CHAPITRE II.

De la Matière.

NOUS avons considéré l'espace ; nous allons examiner maintenant la matière en général. Pour cela, transportons-nous de nouveau dans les déserts du vide ; imaginons qu'aucun corps, qu'aucune matière n'existe encore. Nous parcourons dans tous les sens l'immensité du vide, & nous ne trouvons que de l'étendue ; nous ne rencontrons rien qui nous donne l'idée de la matière. Maintenant, que la puissance créatrice ajoute une nouvelle propriété à celle de l'étendue, qu'elle y joigne l'*impénétrabilité* ; que l'espace qui étoit déja étendu, devienne impénétrable & résistant ; soudain l'idée de la matière se présentera à nous, & une matière sera réellement créée, & prendra la place du vide.

Cette matière pourroit être différente de celle qui existe véritablement ; mais elle lui ressembleroit toujours par deux propriétés, celle de l'étendue & celle de l'impénétrabilité.

Imaginons que cette matière que nous avons conçue renferme toutes les qualités de celle que nous touchons ; ou, pour mieux dire, concevons que la matière qui exiſte ceſſe pour un moment de former des corps, & ſoit réduite à ſes ſimples molécules. C'eſt ainſi que nous devons d'abord l'examiner pour la bien connoître & pour bien obſerver ſes qualités générales, c'eſt-à-dire, celles qui lui appartiennent dans tous les lieux, dans toutes les circonſtances, dans tous les corps, & qui lui ſont propres, indépendamment de toute agrégation.

Examinons donc les molécules de la matière ; & d'abord voyons ce qui les conſtitue telles, & quelle eſt leur eſſence. Plus nous avancerons, & plus nous nous convaincrons que nous ne connoiſſons dans la matière que quelques petites faces, qu'un petit nombre de propriétés, & que nous n'avons même que des idées imparfaites & vagues des propriétés que nous découvrons. Comment donc pourrions-nous dire quelle eſt l'eſſence de la matière, & ce qui la conſtitue telle ? Faiſons cependant remarquer tout ce qu'il eſt poſſible d'appercevoir dans cette partie obſcure de la phyſique.

Si, par essence de la matière, on entend toutes les qualités qui lui sont particulières, nous devons renoncer à l'exposer, même à la dévoiler à demi; &
peut-être les physiciens ne parviendront-
ils jamais à la connoître. Mais si, par son
essence, on entend une de ses qualités
qui la distingue de ce qui n'est pas matière, il me semble que c'est l'impénétrabilité. En effet, abstraction faite de l'ame
& des êtres spirituels, nous ne connoissons que l'espace qui ne soit pas matière.
Si l'impénétrabilité distingue la matière
de l'espace, elle remplira donc la condition exigée, & séparera la matière de
tout ce qui ne sera pas matériel. Mais
l'impénétrabilité ne peut pas appartenir
à l'espace; elle suppose toujours le pouvoir de résister, & l'espace est incapable
de la plus petite résistance. Il n'est donc
pas impénétrable; l'impénétrabilité distingue donc la matière de l'espace ; elle
constitue donc l'essence de la matière dans
le sens que nous avons attaché à ce mot
essence.

Cette opinion nous paroît bien pré-
férable à celle de Descartes, qui fait
consister l'essence de la matière dans l'é-
tendue. En effet, l'étendue appartenant

à l'efpace, ne rempliroit pas la condition néceffaire, & ne diftingueroit pas ce qui eft matériel de ce qui n'eft pas matière; & fi, par effence de la matière, on entendoit une qualité de la matière qui fût la fource des autres propriétés, ne vaudroit-il pas mieux choifir l'impénétrabilité, que l'étendue? L'impénétrabilité ne fuppofe-t-elle pas au moins une molécule qui occupe un certain lieu? & par conféquent l'étendue ne découle-t-elle pas de l'impénétrabilité?

Examinons maintenant en détail le petit nombre des propriétés générales que renferme la matière. Premièrement, elle eft impénétrable, c'eft-à-dire, pour avoir de ce mot l'idée la plus nette, une molécule de matière s'oppofe abfolument à ce qu'une autre molécule occupe précifément le même endroit qu'elle remplit, dans le même temps qu'elle l'occupe.

L'impénétrabilité fe découvre dans les corps par le moyen du tact; & cette réfiftance eft d'autant plus fenfible, que le corps eft plus compacte, c'eft-à-dire, que fes parties font plus ferrées, & que, par conféquent, elles font en plus grand nombre dans un endroit égal; ce qui femble prouver que toutes les molécules de la matière font douées de l'impénétrabilité, puifque cette force ou cette propriété eft d'autant plus fenfible, que leur nombre eft plus grand. Mais, indépendamment de cette preuve, l'impénétrabilité de la matière eft une de ces vérités qu'on n'a befoin que de définir & d'expofer, pour la faire admettre.

Elle eft d'ailleurs prouvée par l'expérience. A la vérité, il n'a pas été poffible aux phyficiens d'éprouver abfolument cette qualité dans toutes fortes de corps; mais ils l'ont reconnue par expérience dans plufieurs, & particulièrement dans ceux qui femblent le moins impénétrables, comme, par exemple, dans l'air. Cette dernière fubftance paroît en effet une des plus pénétrables, à en juger par la facilité avec laquelle on peut la divifer, & par le peu de réfiftance qu'elle oppofe aux corps qui la traverfent & en fillonnent l'étendue.

Toutes les fois qu'ils ont voulu faire entrer de l'eau dans un vafe par une ouverture très-étroite, que la colonne d'eau qui cherchoit à s'introduire pouvoit aifément remplir, & qui, par conféquent, ne pouvoit pas laiffer échapper l'air renfermé dans le vafe, l'eau n'y pénétroit point, ou du moins n'y pénétroit qu'en très-petite quantité. Cet effet a dû toujours provenir néceſſairement de l'impénétrabilité de l'air. Sans cette propriété, l'eau ne ſeroit-elle pas entrée dans le vaſe, & ne l'auroit-elle pas entiérement rempli ſans attendre que l'air eût pu lui céder ſa place ?

Si on remplit d'air un corps de pompe, & ſi on cherche enſuite à enfoncer le piſton, il ne pourra pas deſcendre, ou ne deſcendra que très-peu, au moins s'il eſt adhérent au corps de pompe, & s'il n'en eſt ſéparé par aucun petit intervalle qui permette à l'air de s'échapper : en voici la raiſon. L'air ne peut alors ſortir par aucun endroit, à cauſe de la manière dont le corps de pompe eſt conſtruit ; il ne peut céder de la place, qu'autant qu'il peut être comprimé ; & lorſque ſa compreſſion ne peut pas devenir plus conſidérable, il doit être un obſtacle auſſi inſurmontable que quelque corps que ce puiſſe être, & cela à cauſe de ſon impénétrabilité.

Le père Regnault éprouva que, ſi on attache un charbon au deſſous d'une cloche de verre, & ſi on enfonce cette cloche perpendiculairement dans un grand vase rempli d'eau, le charbon ne s'éteint point, parce que l'eau ne peut point entrer dans la cloche, ou du moins ne s'y élève qu'à une très-petite hauteur, & cela à cause de l'impénétrabilité de l'air : & ce qui prouve la vérité de la conclusion qu'on tire de cette expérience, c'est que, si on perce le haut de la cloche, & si l'air peut s'échapper librement, l'eau s'élève jusqu'au haut de cette même cloche, en remplit toute la capacité, & le charbon s'éteint.

A la vérité, toutes les expériences prouvent uniquement que l'air est impénétrable à l'action d'une certaine force; & il semble qu'il reste toujours à prouver qu'il soit impénétrable par lui-même, & aux plus grands efforts qu'il pourroit éprouver. Cependant, lorsque l'air a été réduit à un certain volume, en vertu de sa compressibilité, c'est en vain qu'on augmente la force qui tend à le déplacer & à le pénétrer; il ne cède pas le plus petit espace, & il résiste entièrement; ce qui paroît prouver que quand bien même les plus grandes forces seroient ajoutées à celle qui cherche à le déplacer, il demeureroit toujours impénétrable. Si, en effet, il devoit être pénétré par de plus

grands efforts, ne devroit-il pas se laisser
un peu pénétrer par les grandes forces
avec lesquelles on l'attaque , & qui cependant ne peuvent pas l'obliger à abandonner le plus petit espace ? Ainsi, non-
seulement l'impénétrabilité de la matière
est évidente, mais encore elle est fondée
sur l'expérience.

Pour la prouver encore mieux de cette
dernière manière, je cherchai à faire voir
par le fait, qu'une substance encore plus
pénétrable en apparence que l'air, étoit
cependant réellement impénétrable : je
choisis pour cela le fluide électrique, qui
plus ténu dans ses parties, plus rapide dans
sa marche, moins soumis à nos sens, &
opposant un obstacle bien moindre aux
corps qui le traversent, a bien au-dessus
de l'air les apparences d'une substance
pénétrable. Je remplis d'eau une cloche
de verre d'un assez grand volume ; je la
renversai, & l'enfonçai à demi dans un
grand vase rempli d'eau à une hauteur
assez considérable : j'introduisis ensuite
de l'éther dans le haut de la cloche, par
le moyen d'un tuyau courbé. L'éther par
son impénétrabilité obligea l'eau à lui céder une partie de sa place : je marquai
autour de la cloche, avec un peu de cou-

leur, le point où il avoit contraint l'eau de defcendre. J'ifolai tout l'appareil, & je l'électrifai pendant quelque temps. L'éther augmenta en volume, ainfi que l'eau ; mais, comme l'eau avoit une iffue par le bas, & que l'éther n'en avoit point, l'éther obligea l'eau à defcendre plus bas que la marque colorée que j'avois faite autour de la cloche.

L'éther n'augmenta réellement pas de volume dans cette expérience. Il ne fut pas raréfié, en prenant le mot *raréfaction* dans fon acception ordinaire, fa température ayant toujours refté la même, & d'ailleurs l'effet du fluide électrique lorfqu'il ne donne point d'étincelle, étant plutôt de refroidir que d'échauffer les fubftances fur lefquelles il agit. Mais l'éther reçut au milieu de fes pores, un nouveau corps étranger ; la quantité du fluide électrique qu'il renfermoit fut augmentée, & c'eft cette quantité furabondante qui exigea un nouvel efpace, & qui força l'eau à defcendre. Si le fluide électrique étoit pénétrable, l'eau n'auroit-elle pas refté à la même hauteur ? Elle defcendit cependant. Ce fluide n'eft-il donc pas impénétrable comme l'air ?

L'impénétrabilité de la matière eft donc

prouvée plus que jamais par l'expérience.
Au reste, il faut bien faire attention que
nous ne parlons ici que de la matière en
général, c'est-à-dire de ses molécules.
Nous verrons qu'il n'en est pas de même
de la matière rassemblée & formant les
différens corps de la nature, & qui est
aussi pénétrable que la première ne l'est
pas. C'est pour n'avoir pas distingué ces
deux manières d'être de la matière, &
avoir confondu les propriétés générales
des molécules premières, avec les propriétés générales des corps, que plusieurs
physiciens n'ont dit que des choses vagues relativement aux premiers principes de la science, & aux objets dont
nous nous occupons maintenant. Ils ont
augmenté les ténèbres qui couvrent naturellement ces objets élevés, ont mis
de nouveaux obstacles à la découverte
de nouvelles propriétés de la matière, &
ne nous ont laissé que des incertitudes
dans des choses qu'à la vérité nous ne
pouvons voir qu'imparfaitement, mais
dans lesquelles nous pouvons avoir cependant quelques connoissances certaines, & de la plus grande importance. Ce
ne sera pas la seule fois que nous aurons
à nous plaindre d'erreurs & d'obscurités

produites par des caufes femblables, tant il eft important de déterminer le fujet dont on traite.

Pour éviter toute confufion, nous donnerons toujours dorénavant le nom d'*atômes*, aux molécules de la matière, pour les appeler d'une manière entièrement différente de celle dont nous nommerons les petits corps & ceux de leurs principes qui leur reffemblent en tout, excepté en grandeur ; principes & petits corps qui doivent fouvent être appelés molécules. Mais que ceux qui jugent des chofes par leur nom, n'imaginent pas que nous attribuons exactement à nos atômes, aux premières molécules de la matière, les mêmes propriétés & les mêmes vertus que plufieurs philofophes anciens, & particulièrement Épicure, accordoient à leurs atômes, & qu'en adoptant leur dénomination, nous ayons admis toutes leurs idées.

La feconde propriété générale des atômes, eft l'étendue. Elle dérive de la première, ainfi que nous l'avons dit. La matière ne peut en effet être impéné-trable fans occuper un efpace, ni occuper un efpace fans être étendue. L'éten-due des atômes eft bien différente, même

par sa nature, de l'étendue en général.
Celle-ci est infinie, & par conséquent indivisible ; l'autre au contraire est finie &
divisible.

Au reste, l'étendue des atômes ressemble à l'étendue en général, en ce que,
comme cette dernière, elle occupe toujours nécessairement les trois dimensions :
l'étendue & l'espace, soit finis, soit infinis, soit vus en grand, soit considérés
en petit, doivent toujours avoir une largeur, une longeur, & une profondeur.
Ce n'est que par une pure abstraction de
l'esprit, par une suite du pouvoir que l'i-
magination a de séparer les choses que
la nature n'a jamais désunies, pour mieux
considérer les rapports de l'étendue, &
pour en conclure un plus grand nombre
de vérités, que les géomètres regardent
une ligne comme ne jouissant que de la
longueur, un plan comme n'ayant qu'une
longueur & une largeur, & qu'ils ne donnent les trois dimensions qu'au solide.
Dans le physique, c'est-à-dire, dans le
réel & dans la nature, il n'y a pas de
ligne, point de plan qui ne soit solide.
La ligne la plus étroite a toujours deux
côtés ; elle a donc une largeur. La ligne
la plus mince a un dessus & un dessous ;

elle a donc une profondeur. Le plan le plus mince n'a-t-il pas aussi toujours un dessus & un dessous ? La ligne & le plan physiques ont donc toujours les trois dimensions.

L'étendue a donné naissance à plusieurs questions qui ont produit une foule d'erreurs. La nature de l'esprit humain est de courir toujours après le vrai, parce qu'en voyant le vrai, il découvre toujours dans les choses un plus grand nombre de rapports qu'en appercevant le faux, & parce que le plaisir de l'esprit, ainsi que celui du corps, consiste dans l'exercice de ses forces. Aussi les erreurs relatives à l'étendue sont-elles devenues d'autant plus funestes en obscurcissant les questions qui les avoient produites, que les physiciens n'ont pas voulu quitter ces sujets cachés, précisément parce qu'ils ne pouvoient pas les éclairer, & qu'ils ont perdu beaucoup de temps autour de leurs ténèbres, au lieu de chercher à découvrir une infinité de vérités qu'ils ont en effet trouvées, lorsqu'ils ont abandonné ces questions obscurcies.

Ces erreurs sont presque toujours venues de ce qu'on a confondu le réel avec l'imaginaire, de ce qu'on a voulu donner un corps à ce qui n'en a pas, & en priver ce qui en eſt doué ; on a confondu les idées, & on n'a jamais déterminé le ſujet de la queſtion.

Que d'erreurs particulièrement n'a pas fait naître celle-ci, *Qu'eſt-ce qui conſtitue l'étendue ?* Elle n'en auroit pas tant produit, ſi on avoit mieux diſtingué de quel ſujet on parloit. Nous nous garderons bien d'aller chercher au milieu de la nuit de l'oubli les opinions qui y ſont enſevelies, de les produire au grand jour, & de les faire revivre pour les combattre. Mais nous croyons devoir tâcher de réfuter celle que M. Leibnitz a eue à ce ſujet, & que le nom de ce grand philoſophe pourroit faire adopter.

M. Leibnitz commença par avancer que rien n'exiſtoit dans la nature ſans une cauſe ; ou, pour mieux dire, il traduiſit cette propoſition évidente en une propoſition plus myſtérieuſe, & dit que rien n'exiſtoit dans la nature ſans une raiſon ſuffiſante de ſon exiſtence. Suivant lui, la raiſon ſuffiſante de l'étendue ne peut être autre choſe que la *non-étendue*. En effet, dire qu'un être eſt étendu, parce qu'il eſt compoſé de parties étendues, ce n'eſt pas réſoudre

la difficulté, mais c'eſt la reculer. Si elle ne
ſubſiſte pas pour le corps conſidéré dans
ſon entier, ne ſubſiſte-t-elle pas toujours
pour ſes parties ? Il faut donc, conti-
nue Leibnitz, admettre néceſſairement
des êtres inétendus, dépourvus de parties, parfaitement ſimples, indiviſibles,
non figurés : il appelle ces êtres des
monades, & il les regarde comme les
premiers principes de l'étendue.

Ces êtres étant ſimples & dépourvus
de parties, n'ont aucune des propriétés
qui naiſſent de la compoſition ; étant
inétendus, ils ſont indiviſibles & ſans figure, puiſque les figures des corps ne
ſont que les limites de leur étendue. Ils
ne ſont ni grands ni petits ; ils ne rem-
pliſſent aucun eſpace, & ne jouiſſent
par conſéquent d'aucun mouvement intérieur. Ils ſont cependant actifs, mais
inviſibles & impaſſibles ; l'imagination ne
peut s'en peindre aucune image : quelques-uns cependant ſont doués de la propriété de repréſenter les objets.

La raiſon ſuffiſante des monades eſt
dans Dieu. Il n'a pu créer l'étendue ſans
créer des êtres ſimples, puiſque, dit Leibnitz, il faut que les parties compoſantes
exiſtent avant le compoſé ; & comme ces

parties n'en renferment point d'autres, leur raison suffisante se trouve dans l'acte même de leur création.

L'ame humaine est une monade spirituelle, plus parfaite, plus représentative, plus intelligente que les monades qui constituent l'ame des bêtes; celle-ci est cependant également immatérielle, également capable de sentiment, mais moins susceptible de connoissances.

Chaque petite molécule de matière est une monade d'un ordre inférieur; & ces monades doivent différer l'une de l'autre, par leur plus ou moins de perfection, ainsi que les monades spirituelles, puisque, d'après le principe de la raison suffisante, on ne peut admettre dans la nature deux êtres parfaitement semblables.

Dieu lui-même, selon Leibnitz, n'est qu'une monade, mais une monade incréée & éternelle, de laquelle toutes les autres tiennent leur existence.

Les monades étant inétendues & simples, sont la raison *suffisante* de l'étendue & de la composition des corps. Différentes l'une de l'autre, elles font naître la diversité que présentent la nature morale & la nature physique; actives, elles font la raison suffisante du mouvement,

& établissent l'empire que la destruction, & la reproduction ne cessent d'exercer rapidement & tour à tour sur tous les êtres; & enfin représentatives, elles sont l'origine de nos idées. Les substances matérielles gravent leurs images sur les monades actives qui nous environnent; & celles - ci, communiquent l'impression qu'elles ont reçue, à la monade représentative & intelligente qui nous anime. Ces images sont d'autant plus distinctes & plus vives; nos idées sont d'autant plus claires, d'autant plus parfaites & d'autant plus étendues, que nous pouvons recevoir plus aisément les impressions des monades extérieures. Mais il n'y a que la monade suprême, la monade éternelle, la monade divine, dont les idées soient véritablement parfaites & infinies, parce qu'elle seule est infiniment représentative, & sans cesse présente à tous les temps & à tous les points de l'espace.

Telle est l'hypothèse de Leibnitz : nous avons voulu donner une idée de son ensemble, quoiqu'il roule sur d'autres sujets que celui dont nous nous occupons maintenant, pour ne pas morceler tout-à-fait l'ouvrage d'un grand homme. N'examinons que ce qui concerne l'étendue.

Leibnitz me paroît avoir voulu mêler le *pourquoi* avec le *comment* dans cette queſtion, *Qu'eſt-ce qui compoſe l'étendue?* Il ne s'agiſſoit pas de ſavoir pourquoi l'étendue étoit étendue, mais de connoître comment elle l'étoit. Et cependant les raiſonnemens de Leibnitz regardent uniquement la première de ces deux queſtions. Que l'on diſe donc l'étendue matérielle occupe néceſſairement un eſpace; elle eſt donc néceſſairement compoſée de parties étendues; car le tout ne peut pas être d'un genre différent de ſes parties, lorſque ces parties ne ſont que d'une ſeule eſpèce, ou lorſqu'on n'en fait qu'une diviſion mécanique, qu'on ne leur fait point éprouver de décompoſition, & qu'on n'altère pas leur nature. Que l'on ajoute que ces parties ſont elles-mêmes compoſées de parties plus petites, que du moins l'imagination les conçoit ainſi, ſi elles ne ſont pas réellement & phyſiquement diviſibles; les argumens de Leibnitz ne peuvent avoir aucune force contre ces aſſertions; & ſon opinion fondée ſur ces argumens, ne doit-elle pas s'écrouler? On ne dit pas pourquoi l'étendue eſt *étendue*; mais on fait voir uniquement *comment* eſt cette étendue, &

ce qu'elle renferme. Dès-lors la première de ces deux questions n'est plus renvoyée ; comme l'a dit Leibnitz, elle est seulement rejetée, comme différente de celle qu'on vouloit traiter.

Elle ne devoit pas d'ailleurs être admise, étant de nature à n'être jamais proposée en physique. Le physicien ne doit point examiner les *pourquoi* ; il doit seulement tâcher de voir les *comment*. Qu'il sache comment & par quel moyen une cause fait naître un phénomène, mais qu'il ne cherche jamais à reconnoître pourquoi elle est telle cause ; qu'il dise qu'elle produit ou doit produire nécessairement tel effet, mais qu'il ne tâche jamais de découvrir pourquoi cette nécessité est cette nécessité.

Maintenant examinons la grandeur des atômes.

Ils doivent être d'une ténuité infinie ; ils ont échappé jusqu'à présent à nos sens, puisque le plus petit grain de matière qu'on ait observé, a toujours présenté au microscope un nombre infini de pores, & par conséquent a toujours été bien éloigné d'être un atôme, c'est-à-dire une molécule de la matière simple & sans intervalles.

En les examinant en même temps qu'on confidère l'univers, on voit la nature s'étendre vers l'infini dans deux fens oppofés, vers l'infiniment grand & vers l'infiniment petit.

Tâchons d'avoir une idée de la petiteffe de ces atômes.

Si l'on prend un grain de cochenille diffous dans une certaine quantité d'alkali végétal, & fi on le met dans vingt pintes d'eau diftillée, chacune du poids de douze livres, toute l'eau fera fenfiblement colorée. Qu'on cherche la quantité de grains que pèferont les vingt pintes d'eau ; on en trouvera 1843200. Chaque maffe d'eau du poids d'un grain, ne peutelle pas être cenfée divifée en vingt parties ? Multiplions 1843200 par 20 , nous aurons 36864000 ; il y aura donc plus de 36 millions de parties d'eau colorées par la cochenille. La cochenille aura donc été divifée au moins en plus de 36 millions de parties. Cependant ces petites molécules confervent encore leur couleur rouge ; elles doivent donc indépendamment d'autre raifon, & ainfi que nous le verrons dans le cours de cet ouvrage, être encore bien plus groffes que les atômes. Ces derniers doivent donc au moins

moins être beaucoup plus petits que la 36 millionième partie d'un morceau de cochenille qui pèfe un grain.

Que l'on confidère auffi la quantité de fumée qui s'élève d'un morceau de bois vert, & qui fe divife en un affez grand nombre de parties, pour pouvoir remplir des efpaces immenfes. Chaque particule de fumée eft, malgré fa ténuité, bien éloignée d'être un atôme. Ce n'eft pas cependant, je le répète, qu'il faille regarder ces petits atômes comme des points mathématiques, privés de parties, n'ayant aucune grandeur; il faut les confidérer comme des folides qui ont toutes les propriétés de l'étendue, une grandeur, une figure, &c. mais qui font très-petits, très-ténus, très-déliés.

La figure n'eft autre chofe que la limite de l'étendue; l'étendue matérielle ne peut jamais être infinie, & par conféquent doit néceffairement avoir des bornes. Tous les atômes étant étendus, doivent donc néceffairement avoir une figure; mais ils ne doivent pas avoir tous la même: nos fens ne nous le découvriront peut-être jamais; mais plufieurs raifons que nous rapporterons dans la fuite, doivent nous le faire croire. Et d'ailleurs, ne devons-nous pas le conclure par analogie ? Les diverses subſtances de la nature ne nous préſentent-elles pas différentes figures ? Les petits corps que nous examinons au microſcope, qui paroiſſent les plus voiſins des atômes, & qui s'en rapprochent du moins par leur petiteſſe ; ces petits corps, dis-je, ne ſont-ils pas diverſement figurés ?

L'analogie nous apprend auſſi relativement à la figure des atômes, qu'elle n'eſt point régulière, & qu'elle ne préſente ni quarrés, ni cubes, ni triangles parfaits : du moins elle ne doit nous offrir aucune figure anguleuſe parfaite, car on n'en rencontre aucune qui le ſoit dans les ouvrages de la nature qui tombent ſous nos ſens, & la figure ſphérique eſt la ſeule qu'on puiſſe y voir régulière. Nous en dirons la raiſon dans l'article de l'attraction.

Nous reconnoîtrons cependant plus bas, que malgré le ſentiment d'un grand nombre de phyſiciens, on ne doit point admettre une grande diverſité dans les figures des molécules de la matière que nous avons nommées atômes, & que, bien loin de préſenter toutes ſortes de figures, elles n'en offriroient peut-être que deux ou trois. Au reste, peut-être ne connoîtrons-nous jamais la figure de ces premiers atômes impénétrables que nous avons déja vû étendus & figurés, & qu'il faut distinguer avec bien du soin, des molécules qui servent à la composition des corps : ces dernières molécules ne font que de petits corps qui ont toutes les propriétés que nous trouverons dans les corps en général, & qui ne jouissent point de toutes celles que nous reconnoîtrons dans les atômes. La figure de ces molécules pourra peut-être nous être dévoilée avec le temps.

Poursuivons notre route, & tâchons de reconnoître les autres propriétés de la matière en général.

Les atômes font folides. On entend par folidité, une continuité de parties si grande, qu'elles ne font féparées par aucun vide, aucun intervalle, aucun pore. D'après cette définition rigoureufe, aucun des corps de la nature ne peut être regardé comme véritablement folide, puifqu'ils font tous plus ou moins poreux : on ne peut les confidérer que comme plus ou moins voifins du véritable état de folidité. Mais les atômes font réellement folides, en ce qu'ils ne renferment

abſolument aucun pore. En effet, d'a-
près leur définition, ne ſont-ils pas la matière avant ſon état d'agrégation ? Mais
ſi un atôme renfermoit un ſeul pore, un
ſeul intervalle, ne ceſſeroit-il pas d'être
la matière avant ſon état d'agrégation,
puiſqu'il contiendroit au moins deux parties agrégées ?

Ils ſont auſſi indiviſibles ; mais, avant
de prouver cette dernière propoſition,
qui a pris plus de temps & excité plus
de querelles qu'elle n'eſt utile, mais qui
cependant ne laiſſe pas que d'avoir une
certaine importance, expliquons-la, &
diſtinguons deux eſpèces d'indiviſibilité.

Il eſt une indiviſibilité métaphyſique,
& une indiviſibilité phyſique ; c'eſt-à-dire,
la matière peut être diviſible métaphyſiquement, & diviſible phyſiquement.
Pour l'être métaphyſiquement, elle n'a
beſoin que d'être étendue ; en effet, dès
qu'elle eſt étendue elle a des parties, &
ces parties peuvent être détachées l'une
de l'autre ; du moins on peut les concevoir comme étant ſéparées. Pour être
diviſible phyſiquement, il ne ſuffit pas
qu'elle ait des parties ; il faut que ces
parties puiſſent être phyſiquement arra-
chées l'une à l'autre, c'eſt-à-dire, que les

forces de la nature puiſſent les déſunir.

La première indiviſibilité convient aux atômes ; car nous avons fait voir qu'ils étoient étendus : elle appartient même aux parties qu'on peut concevoir dans ces atômes, puiſque ces parties ne peuvent pas être inétendues, quoiqu'elles ſoient moins étendues que les atômes qu'elles forment : elle doit être auſſi attribuée aux parties de ces parties, & ainſi à l'infini. On peut donc dire non-ſeulement que les atômes ſont diviſibles métaphyſique-ment, mais qu'ils le ſont à l'infini de cette dernière manière.

Mais non-ſeulement les atômes ne ſont point diviſibles phyſiquement à l'infini, mais ils ne jouiſſent même point du tout de la diviſibilité phyſique ; & ni la puiſ-ſance de la nature, de quelque manière qu'elle ſoit employée, ni par conſéquent les forces de l'art, ne peuvent ſéparer leurs parties.

En effet, ſi la nature pouvoit les di-viſer, les altérer, les réduire à un plus petit volume, les élémens des corps non-ſeulement ne reſſembleroient plus à ce qu'ils ſont, mais ils ne jouiroient plus des mêmes propriétés, ainſi qu'on le comprendra dans la ſuite de cet ouvrage. Les compofés qu'ils produiroient ne devroient-ils pas être différens de ceux qu'ils forment? Les diverfes fubftances de la nature ne cefferoient-elles pas de renaître avec les mêmes figures & les mêmes propriétés? A la place de cette fuite d'êtres prefque femblables qui fe fuccèdent, ne verroit-on pas à chaque inftant les efpèces s'altérer, s'anéantir, être remplacées par des efpèces nouvelles? L'univers, qui maintenant n'éprouve que des altérations infenfibles, dont le temps ne peut faire varier légèrement la figure qu'en accumulant de longues périodes d'années, & dont les différens inftans de l'exiftence entière fe reffemblent fi fort, que pour y trouver des changemens fenfibles, il faut laiffer couler une longue fuite de fiècles entre les deux obfervations; l'univers ne changeroit-il pas à chaque inftant? Ne pafferoit-il pas fouvent aux formes les plus oppofées? Et ne nous verrions-nous pas de même changer & nous métamorphofer à chaque inftant?

C'eft parce que les atômes font folides, que la nature me paroît ne pouvoir point les divifer: je penfe qu'elle ne peut disjoindre que ce qui eft déja féparé par quelque pore, que ce qui n'eſt uni qu'à demi. Lorſque les parties de la matière ſont liées parfaitement l'une à l'autre, lorſqu'elles ne laiſſent abſolument aucun intervalle, lorſque leur contact eſt immédiat, les forces de la nature ne ſuffiſent pas pour les ſéparer. Cela tient à cette force que Neuton a démontrée dans la matière, quelle qu'en ſoit l'origine, & qu'on a nommée attraction. Cette puiſſance augmente comme la diſtance diminue; elle doit donc être d'autant plus forte, que le contact eſt plus parfait; & lorſque les parties de la matière jouiſſent de ce contact dans le plus haut degré, lorſqu'elles ne renferment abſolument aucun vide, aucun pore, comme dans les atômes que nous conſidérons ici, cette attraction a aſſez d'énergie pour réſiſter à tous les efforts que la nature peut faire pour les diviſer.

Nous pouvons encore reconnoître la dureté, & la dureté abſolue, parmi les propriétés des atômes.

Qu'eſt-ce en effet que la dureté? Une propriété par le moyen de laquelle une ſubſtance ne peut être comprimée par aucun choc. La compreſſion ne peut avoir lieu dans une ſubſtance, de quelque manière qu'elle s'opère, qu'il n'y ait un rapprochement de parties. La matière étant impénétrable, les parties d'une substance ne peuvent se rapprocher qu'en remplissant plus ou moins les vides qui les séparoient. Lors donc qu'une substance ne renfermera absolument aucun vide, aucun intervalle, ses parties ne pourront se rapprocher en aucune manière : or, les atômes sont sans pores, sans intervalles, sans vides ; ils ne peuvent donc pas se rapprocher ; ils ne peuvent donc pas être comprimés ; ils doivent donc être absolument durs.

La matière considérée en elle-même, abstraction faite des composés qu'elle forme, & avant son état d'agrégation, est donc absolument dure. L'élasticité supposant nécessairement la compression, la matière n'est donc pas élastique par elle-même ; ses atômes ne sont donc pas élastiques. L'élasticité est donc une propriété de certains corps, & ne peut pas même appartenir à quelques-uns des atômes : ces principes sont importans, & nous y reviendrons plusieurs fois.

On me dira peut-être que l'impulsion, que la communication du mouvement, ne peut avoir lieu que par le moyen de l’élasticité, ainsi que l’a dit M. le Comte de Buffon ; que les atômes étant parfaitement durs, ne seroient susceptibles d’aucun mouvement communiqué ; que dès lors l’impulsion n’existeroit jamais ; que l’attraction règneroit seule dans l’univers ; que bientôt le repos succéderoit au mouvement, & la destruction au repos.

Il peut se faire que les atômes ne sont par eux-mêmes susceptibles d’aucun mouvement d’impulsion, à cause de leur dureté absolue ; mais il n’en faut pas conclure l’impossibilité de l’existence de l’impulsion. Ce phénomène ne peut trouver d’obstacle que dans la dureté des composés produits par les atômes, c’est-à-dire, dans la dureté des corps ; & la dureté des atômes ne doit pas se communiquer aux corps qu’ils peuvent former. En effet, parce que les atômes sont durs, il ne s’ensuit pas que les composés ne renferment ni pores, ni intervalles, ce qui est absolument nécessaire pour la dureté. On peut dire qu’il ne peut exister aucun corps dur dans l’univers ; mais les raisons qu’on donne pour le prouver, ne peuvent point empêcher d’admettre la dureté dans les atômes, qui n’existent jamais que combinés l’un avec l’autre.

On me demandera peut-être à présent, pourquoi j'examine séparément ce
qui n'est jamais divisé, & pourquoi je recherche des propriétés qui ne peuvent,
en quelque sorte, jamais être exercées.

C'est qu'on ne peut concevoir clairement un composé, ses propriétés, ni ses
phénomènes, qu'après avoir eu une idée
nette des parties qui le forment, quelque inséparables qu'elles puissent être ;
qu'après avoir recherché les propriétés
dont ces parties jouiroient, les qualités
qu'elles auroient, & tous les phénomènes
qu'elles présenteroient, si elles existoient
séparément : & comme les atômes sont
généralement les principes de tous les
corps, nous n'aurions par conséquent
d'idée nette d'aucun corps, si nous ne
commencions pas par nous occuper des
atômes.

Plusieurs philosophes anciens ont admis
les atômes que nous venons de reconnoître, & la plupart leur ont presque donné
les mêmes propriétés : on peut nommer
parmi ces philosophes Moschus Phéni-
cien, Leucippe, Démocrite, Pythagore,
Épicure, Empédocle, Héraclide, Asclé-
piade & Platon.

Les atômes étant impénétrables, ne

pouvant être divisés ni par la nature, ni
par l'art, & jouissant de l'incompressibi-
lité, sont nécessairement impassibles. Les
objets qui les environnent ne peuvent
leur faire recevoir aucune impression,
ni les modifier en rien : les atômes sont
incapables de changer de manière d'être :
le sentiment ne peut donc pas leur convenir : cette qualité ne peut appartenir
qu'aux agrégats, aux composés qu'ils
forment.

Les atômes ne peuvent recevoir la
plus foible image, la plus légère empreinte d'aucun objet. Indépendamment
d'autres raisons, la pensée ne sauroit donc
convenir en aucune manière à la matière
considérée en elle - même & avant son
agrégation.

Nous verrons dans le chapitre de l'attraction, que tous les corps, les plus
grands comme les plus petits, ont une
tendance les uns vers les autres, c'est-
à-dire, obéissent à une force qui les oblige
à s'approcher les uns des autres : cette
force réglée par certaines lois, est proportionnelle à la quantité de matière
qu'ils renferment. Chaque molécule de
matière y est donc soumise ; chaque atôme
y est donc sujet, & d'autant plus sujet,

G vj

qu'il renferme plus de points phyſiques, qu'il contient plus de matière. Tous les atômes jouiſſent auſſi de la cohérence & de l'adhérence, deux propriétés dont nous ne pouvons traiter qu'après avoir parlé de l'attraction.

Les atômes ne peuvent point voir changer leur figure ; car la figure d'un être ne peut changer, que lorſqu'on circonſ- crit l'étendue qu'il occupe, d'une ma- nière différente de celle dont elle étoit terminée. Pour cela, ne faut-il pas dé- placer ſes parties ? & peut-on les dé- placer ſans le comprimer ou le dilater, retrancher ou ajouter à ces mêmes par- ties ? Mais on ne peut pas comprimer les atômes, ainſi que nous l'avons vu : on ne peut pas non plus les dilater ; il fau- droit pour cela, ou agrandir leurs pores, ou leur en donner : mais ils n'en ont point, & ne peuvent en avoir. On ne peut pas retrancher de leurs parties, car pour cela il faudroit les diviſer ; & on ne peut pas ajouter à ces mêmes parties, car alors on n'auroit plus un ſeul atôme, mais un compoſé de deux atômes, un véritable corps. Les atômes ne peuvent donc pas voir changer leur figure.

D'un autre côté, ils ſont indiviſibles,

incompreffibles, impénétrables, incapables de recevoir l'empreinte des objets
étrangers ; la plus forte trituration, le
choc le plus violent ne peuvent donc
les altérer en rien, ils doivent donc toujours être les mêmes. Le temps qui détruit tout, ne peut donc pas seulement
les modifier, car le temps n'est rien, &
n'a de forces qu'autant qu'il amène avec
lui des causes destructives ; mais aucune
cause n'agit sur les atômes ; ils sont donc
à jamais stables & incorruptibles ; & tandis que tous les corps les plus composés
comme les plus simples, les plus grands
comme les plus petits, à peine parvenus
à leur point de perfection, s'altèrent, dé-
croissent, se déforment, s'effacent & s'a-
néantissent ; eux seuls toujours les mêmes,
toujours également inaltérables, passent
de corps en corps & de substance en substance, sans jamais cesser d'être, sans jamais laisser échapper la plus petite portion de matière, sans jamais perdre la
plus foible propriété ; & si la matière,
qui est un être fini, pouvoit jouir d'une
qualité infinie, les atômes seroient éter-
nels, au moins si la toute-puissance qui
les a créés ne se déterminoit jamais à
les anéantir.

Telles font donc les propriétés qu'on ne peut, ce me femble, s'empêcher d'admettre dans la matière en général. L'impénétrabilité, l'étendue, la figure, la folidité, l'indivifibilité, l'impaffibilité, l'attraction mutuelle, la cohérence, l'adhérence & l'incorruptibilité. Si nous en exceptons l'attraction, & la cohérence, & l'adhérence, qui n'en font que des faces, toutes ces qualités fe tiennent, & font en quelque forte des conféquences l'une de l'autre. L'impénétrabilité exige l'étendue, & l'étendue fuppofe néceffairement la figure. D'un autre côté, la folidité fait naître l'indivifibilité; jointe avec l'impénétrabilité, elle produit l'impaffibilité ; & ces trois dernières font l'origine de l'incorruptibilité. L'impénétrabilité & la folidité font donc deux fouches d'où s'élèvent, comme autant de rameaux, les propriétés connues de la matière, hors l'attraction dont nous n'appercevons point la caufe, & qui doit être regardée comme une troifième fouche. Mais, comme l'impénétrabilité fuppofe néceffairement la folidité, on peut la confidérer comme l'unique racine des propriétés des atômes, hors de l'attraction; & comme la folidité exige à fon tour l'impénétrabilité, on peut fubftituer l'une à l'autre, & voir cette folidité abfolue donner naiffance à toutes ces propriétés. La folidité & l'attraction étant admifes dans un être, il aura donc les propriétés reconnues dans la matière première.

Mais ces propriétés font-elles toutes celles qui appartiennent à la matière? C'eft ce que nous fommes bien loin de pouvoir affurer. Il y a même plus; nous devons dire que dans un fujet auffi éloigné de nos fens, & qui n'exifte jamais ifolé, nous ne devons pas avoir vu toutes les faces; qu'ainfi la matière a peut-être un grand nombre de propriétés que nous ne connoiffons pas, & que peut-être nous ne découvrirons jamais. Lors donc qu'un phyficien voudra faire admettre dans la matière une nouvelle qualité, que l'on ne rejette pas fon opinion, uniquement parce que la propriété qu'il propofera fera nouvelle.

La matière en général eft-elle une fubftance homogène? Woodward a penfé qu'elle ne l'étoit pas, & qu'il exiftoit plufieurs efpèces de matière. Neuton au contraire n'a reconnu qu'une feule efpèce dans cette même matière, & a regardé le fond de tous les corps comme une même fubftance.

Pour moi, je ne vois pas premièrement, qu'on puisse seulement se former une idée nette de deux espèces de matière. En effet, on ne peut comprendre nettement que deux choses sont différentes, qu'en concevant clairement ce qui est propre à l'une & n'appartient pas à l'autre, qu'en voyant ce qui constitue véritablement leur différence : mais nous n'avons pas d'idée d'une propriété qui conviendroit à une espèce de matière, & qui n'appartiendroit pas à une autre, puisque toutes les propriétés que nous avons exposées sont propres à toute la matière, & que ce sont les seules qu'on connoisse.

Secondement, je pense qu'il n'y a qu'une seule espèce de matière, parce que toutes les propriétés que nous connoissons convenant à toute la matière, je dois croire par analogie, que toutes celles que nous n'avons pas découvertes lui appartiennent aussi, & par conséquent que toute la matière se ressemble, & ne peut pas être distinguée en espèces.

D'ailleurs, ne voyons-nous pas la même matière, après avoir été de l'eau, de l'air ou de la terre, s'élever en forme de plante, nourrir les animaux, par conséquent s'i-

dentifier avec eux, & devenir une subf-
tance animale, être enfuite rendue à la
terre, à l'eau ou à l'air, pour recom-
mencer fes tranfmigrations & fes efpèces
de métamorphofes ? Les atômes font
donc tous femblables & de la même efpèce. Ils ne font cependant pas parfaitement égaux : s'ils l'étoient, les compofés qu'ils formeroient ne pourroient
différer en rien, ni par la qualité, ni par
l'union, ni par la proportion du mélange
de leurs principes, & nous ne verrions
dans la nature qu'une feule efpèce de
corps.

Les atômes font donc femblables, en
ce qu'ils ont tous les mêmes propriétés :
tous font impénétrables, & par conféquent étendus, figurés, folides, indivifibles, impénétrables, incorruptibles;
tous s'attirent; mais ils diffèrent en ce
qu'ils n'ont pas tous la même groffeur,
ou la même figure. Par-là, ils ne doivent
point acquérir des qualités nouvelles, ni
perdre aucune de leurs propriétés; mais
ils doivent voir varier l'intenfité de quelques-unes de celles dont ils jouiffent,
comme, par exemple, l'intenfité de leur
attraction. En effet, cette vertu eft en
raifon de la maffe; elle fera donc plus

forte ou plus foible, suivant que la grosseur des atômes sera plus ou moins considérable, puisque, suivant leur plus ou moins de grosseur, ils renfermeront plus ou moins de matière. Cette vertu est d'ailleurs en raison de la distance : elle doit donc être en raison de la figure ; car, indépendamment d'autres raisons, nous verrons que la distance doit être comptée du centre de gravité, & que la place de ce dernier change suivant la figure.

Peut-être les atômes ne diffèrent que par leur figure, peut-être font-ils uniquement séparés par leur grosseur, ou distingués par leur grosseur & par leur figure. Quoi qu'il en soit, d'après leurs différences, ils peuvent former, non pas des espèces diverses de matière, mais des classes que nous appellerons des premiers élémens. Ceux-ci à leur tour produiront tous les composés, & donneront particulièrement naissance aux substances connues depuis long-temps sous le nom d'élémens, tels que l'air, l'eau & la terre.

Tous les atômes qui composent un des premiers élémens, doivent être semblables en tout, en propriétés, en intensité de vertus, en grosseur & en figure. Et comme ces premiers & véritables élémens ne doivent pas être en grand nombre, & que peut-être ils ne font que deux ou trois, les atômes ne doivent préfenter que deux ou trois figures différentes, s'ils font diverfifiés par leur figure ; & ils ne doivent offrir que deux ou trois degrés de groffeur, fi c'eft la groffeur qui les diftingue.

Ainfi, au lieu de cette variété de formes, de cette multitude de figures, & de cette diverfité de grandeur que nous admirerons dans les compofés, les premiers principes ne nous préfenteroient que des propriétés toujours les mêmes, des grandeurs & des figures prefque toujours femblables ; & la nature nous paroîtroit auffi fimple, auffi économe dans fes premiers linéamens, qu'elle eft magnifique, & pour ainfi dire prodigue dans fes ouvrages plus compofés. Qu'elle nous paroîtroit cependant & plus belle & plus grande, lorfqu'elle jette dans fa fimplicité, & avec les plus petits moyens, les fondemens de fes grands monumens, que lorfqu'elle entaffe toutes les formes, toutes les figures, toutes les manières d'être, pour l'ornement de fes productions, fi elle n'étoit pas toujours la même, toujours également belle, toujours également puissante, soit qu'elle crée mystérieusement les germes cachés des êtres, soit qu'elle étale tous les effets de sa fécondité !

Je sais que M. Euler (*a*) a voulu démontrer que les atômes ont tous un égal volume. Mais, comme le raisonnement de cet illustre savant n'est fondé que sur une hypothèse, je ne crois pas devoir changer ma façon de penser, quelque envie que je puisse avoir d'adopter toutes ses idées.

La densité des atômes devant nécessairement varier avec leur grosseur, dès qu'ils sont solides & qu'ils ne renferment point de pores, elle ne peut pas non plus être la même dans tous, ainsi que le veut M. Euler, puisque leur grosseur doit varier.

CONCLUSION.

On doit donc regarder comme très-certain qu'on ne sauroit distinguer avec trop de soin les atômes, d'avec les corps que la nature renferme, quelque petits qu'ils puissent être ; que la matière, c'est-à-dire la matière première, est impéné-

(*a*) Mémoires de l'académie de Berlin, année 1745.

rable, étendue, figurée, folide, indivi-
fible, impaffible, dure & incorruptible,
& que tous les atômes s'attirent mutuellement. On doit regarder comme prefque certain que la matière eft homogène,
c'eft-à-dire qu'il n'y a qu'une feule efpèce de matière, mais que les atômes
doivent différer par leur groffeur ou par
leur figure, & former cependant par leur
diverfité un très-petit nombre de claffes.
Le refte n'a pas encore été découvert
ou prouvé ; mais ce qui eft auffi très-
certain, c'eft que nous ne connoiffons
pas toutes les propriétés de la matière,
& qu'on peut à chaque inftant en dévoiler de nouvelles.

CHAPITRE III.

Du Temps.

Nous avons vu l'impénétrabilité se joindre à l'étendue, & soudain la matière est venue remplir l'espace. Nous avons considéré les propriétés de cette matière, & par-là nous nous sommes représenté la manière dont elle existe. Pour compléter l'idée que nous en avons, songeons qu'elle existe dans cet instant, & qu'elle a existé dans le moment précédent. Ces deux instans d'existence forment une nouvelle conception, & le temps se présente à nous.

Ici un nouvel infini se déploie ; nous errons encore dans une obscure immensité sans rencontrer de limites, sans être arrêtés par rien de sensible, sans rien trouver qui ressemble à ce que nous pouvons connoître.

Nous cherchons à concevoir le temps. Nous tâchons de parvenir à le comprendre par le moyen des différentes propriétés qu'on lui attribue, & nous ne trouvons que des contradictions. Immense & resserré dans les bornes les plus étroites,

infini en grandeur & infini en petitesse,
toujours le même & toujours changeant,
toujours fixe & toujours fugitif, il nous
échappe autant que tous les corps sont
soumis à ses coups.

A quoi le comparerons-nous? A quoi
pourrons-nous comparer ce qui n'a pas
de limites, ce qui n'a pas de corps?
Nous le comparerons avec l'espace.

Le temps est sans bornes comme l'é-
tendue en général : il ne commence ni
ne finit ; en ce sens, il est comme l'espace, indivisible, même pour l'imagination : on ne peut pas dire la moitié ni
le quart de l'espace ; on ne peut pas dire
non plus le quart ni la moitié du temps.

Dans l'espace on peut concevoir quelque étendue que ce puisse être, grande
ou petite ; & cette étendue imaginée par
l'esprit humain, ou réalisée par une création divine, est ensuite mathématique-
ment divisible à l'infini. Dans le temps
on peut imaginer quelque portion de
durée que ce puisse être, qui conçue par
l'intelligence humaine, ou appliquée à
la matière par la volonté toute-puissante,
est aussi divisible à l'infini. Cette portion
de la durée peut seule être le temps de
la nature. Le temps considéré sous notre

premier point de vue, n'eſt autre choſe que l'éternité, la ſomme de la durée d'un ſeul être, la meſure de l'exiſtence de l'être ſuprême.

L'étendue eſt propre à toute la matière : le temps lui appartient également ; & on ne peut pas plus imaginer un corps ſans un inſtant de durée, que ſans une étendue quelconque.

Chaque moment du temps eſt le même pour tous les points de l'eſpace : chaque point de l'eſpace eſt le même pour tous les inſtans.

L'eſpace eſt toujours le même, toujours également fixe & également immobile, ſoit qu'il renferme quelque portion de matière, ou qu'il n'en contienne aucune : le temps ſe précipite toujours avec la même rapidité, ſoit que quelque portion de matière ait une certaine durée au milieu de ſon cours, ou qu'il ne coule que pour le néant.

Le temps ne peut être arrêté, ni ſuſpendu par aucune force, mais il va toujours invariablement ſans que rien puiſſe retarder ſa courſe : aucune force ne peut interrompre l'eſpace, qui demeure toujours continu & toujours étendu d'une manière égale.

En

En parlant du temps, nous pouvons dire *toujours* & *quelquefois;* en parlant de l'espace, nous pouvons dire *par-tout*, & dans *quelques endroits.*

La matière n'existe que dans quelques points de l'espace que le Créateur remplit entièrement par son immensité; la matière n'occupe qu'une portion de la durée que le Créateur remplit toute entière par son éternité.

Des portions déterminées de l'espace peuvent être mesurées; des portions déterminées du temps peuvent l'être aussi.

L'espace est cette base éternelle sur laquelle Dieu a élevé l'ouvrage de ses mains immortelles, & dont l'étendue immense a reçu ou attend de nouveaux univers. Le temps est cette longue & infinie chaîne de durées particulières, dont Dieu a saisi quelques anneaux pour en faire la durée finie de notre univers, & qui renferme de quoi composer la durée de tous les siècles & de tous les âges qui peuvent être réalisés.

Le temps diffère de l'espace par trois grands caractères.

Il en est séparé par la manière dont il est infini : l'espace l'est dans tous les sens. Dans quelque point de l'étendue qu'on se

Tome I.   H

place, on peut concevoir autour de foi, au deffus & au deffous, une infinité de lignes qui fe prolongent à l'infini : le temps n'eft infini que dans une feule dimenfion. Il ne fe répand que devant & derrière nous ; il ne s'étend point par côté : ce n'eft qu'une ligne infinie, tandis que l'efpace eft pour ainfi dire un folide infini.

Il diffère de l'efpace par fa nature. Lorfque quelque portion de l'efpace a été réalifée par l'exiftence de quelque matière, nous pouvons en quelque forte la toucher & la voir : nous pouvons, par le tact & par la vue, avoir une idée des différentes parties qui conftituent l'étendue de la matière, étendue qui eft véritablement une portion de l'efpace en général : au lieu que lorfqu'une portion de la durée a été appliquée à la matière, & qu'elle lui appartient, nous ne pouvons ni voir ni toucher les parties de cette durée. Nos yeux ni nos mains n'ont aucune prife fur des inftans.

Le temps eft enfin diftingué de l'efpace, par la manière dont il peut être mefuré. L'efpace, ou du moins une partie de l'efpace, eft mefuré d'une manière certaine : on ne peut pas affurer que la plus petite portion du temps puiſſe l'être, du moins à la rigueur.

En effet, on a cherché à meſurer la durée de la matière, la durée de l'univers. On a pris pour cela les mouvemens les plus remarquables, tel que celui que le ſoleil paroît faire chaque jour autour de la terre : on a conſidéré la durée de ce mouvement, comme une portion de la durée générale, comme une unité à multiplier ou à diviſer; & on en a compoſé une meſure commune des durées particulières de notre univers. On a fait ce qu'on pouvoit faire de mieux, & on auroit par ce moyen véritablement la meſure d'une portion de la durée, ſi l'échelle qu'on a choiſie étoit invariable; mais eſt-on ſûr quelle le ſoit? eſt-on ſûr que le mouvement apparent du ſoleil s'exécute toujours dans un temps égal? que les jours (a) ſont toujours égaux? On ne peut s'en aſſurer, ou déterminer les différences des jours, ce qui reviendroit au même, que par le moyen des horloges ; &, de quelque eſpèce qu'elles ſoient, peut-on à la rigueur reconnoître leur

____

(a) Le mot *jour* déſigne ici une révolution apparente du ſoleil autour de notre globe.

exactitude, par un moyen différent de l'obſervation du mouvement apparent du ſoleil ? N'eſt-ce pas un cercle vicieux ? On n'eſt donc pas aſſuré d'avoir véritablement meſuré le temps : on peut y être parvenu ; mais il peut auſſi avoir échappé à nos efforts, au lieu que nous meſurons l'eſpace avec des étendues matérielles, invariables, avec des toiſes dont nous ſommes toujours ſûrs de la grandeur.

Nous venons de comparer avec ſoin le temps avec l'eſpace. Nous avons obſervé pluſieurs rapports entre ces deux infinis : il ſemble que nous devrions avoir une idée bien nette du temps, & cependant il ſe dérobe encore à notre imagination, qui ne peut le ſaiſir que par quelques petits côtés. C'eſt que pour en avoir une idée diſtincte, & pour le bien comprendre, après ſa comparaiſon avec l'eſpace, il faudroit connoître ce dernier. Mais l'eſpace eſt lui-même infini, & n'at-il pas fallu qu'il le fût, pour que nous lui ayons trouvé pluſieurs rapports avec le temps qui eſt infini ? Nous n'avons donc que des notions vagues de l'eſpace, parce que nous n'avons pu le comparer qu'en très - petite partie avec ce que nous connoiſſions ; l'eſpace n'a donc pu nous four-

nir qu'une foible lumière, pour considérer le temps; nous ne devons donc avoir
du temps que des idées imparfaites, malgré les grands rapports qu'il nous a paru
avoir avec l'espace.

H iij

CHAPITRE IV.

Des propriétés générales des Corps.

Nous n'avons plus à confidérer des objets qui fe dérobent à nos fens, & qui même n'exiftent jamais féparément; ceux que nous allons examiner peuvent être faifis aifément de plufieurs côtés; ils peuvent affecter nos différens organes: nous pouvons les voir, les entendre, les fentir, les goûter, les toucher; auffi en aurons-nous une connoiffance plus certaine, plus claire & plus précife.

Nous allons confidérer les différens corps de la nature. C'eft encore la matière que nous allons examiner; mais ce n'eft plus la matière divifée dans fes plus petites molécules: c'eft cette même matière réunie; ce font ces molécules jointes enfemble, conglomérées & attachées par des liens plus ou moins étroits.

Nous n'obferverons cependant pas les divers corps que la nature renferme, pour reconnoître leurs propriétés fpécifiques, pour diftinguer leurs qualités particuliè-res, pour apprendre à les claffer, à les divifer, à les réunir, à les nommer; ces objets ne peuvent pas être encore ceux de nos recherches : mais nous allons tâcher de découvrir les rapports fecrets qui lient les êtres les plus éloignés, les lois qui les régiffent, toutes les propriétés générales qui leur appartiennent, toutes les chofes enfin qui leur font communes à tous.

Nous avons déja dit avec quel foin le phyficien doit fe garder de confondre les corps avec les atômes (*a*) qui les forment : c'eft la feule manière d'éviter une foule d'erreurs dans lefquelles les phyficiens font tombés, d'expliquer plufieurs contradictions apparentes, d'avoir une idée des premiers principes de toutes chofes, de pofer les fondemens de toute bonne phyfique, & par conféquent d'avoir dans la fuite des notions exactes des différens phénomènes plus ou moins particuliers.

Quelque petites que foient les parties conftituantes des corps, quelque ténus que foient les principes dans lefquels on peut les divifer fans les décompofer, & en n'employant qu'une opération méca

---

(*a*) Voyez dans le chapitre fecond, ce que j'entends par *atôme*.

nique, on ne doit pas diſtinguer avec moins de ſoin ces mêmes parties conſtituantes, d'avec les atômes, ainſi que nous l'avons auſſi fait obſerver. Les premiers principes des corps, quelque déliés qu'ils puiſſent être, ſont ſemblables en tout aux corps qu'ils conſtituent, dès que ceuxci n'ont pas été décompoſés ; ils jouiſſent abſolument des mêmes propriétés ; ils n'en diffèrent que par la grandeur : ils ſont donc bien différens des atômes, ainſi qu'on s'en appercevra bientôt.

Lorſque nous parcourons en idée la ſurface de notre globe, que nous raſſemblons pour ainſi dire ſous nos yeux, & que nous comparons les différentes ſubſtances qu'elle nous préſente, quelle grande diverſité, quelle variété admirable n'y voyons-nous pas régner ?

Que l'on examine les différens êtres ; que l'on conſidère l'homme, les grands animaux, tels que l'éléphant, le chameau, le rhinocéros, l'hyppopotame, le lion, le tigre, le bœuf, le cheval ; les animaux plus petits, le chien, le chat, le renard, &c. ; les animaux couverts d'écailles, les crocodiles, les lézards, les ſerpens, les diverſes eſpèces de reptiles, les caméléons ; les légions d'inſectes qui bourdonnent dans les airs ; les amphibies & les poiffons de différens genres : que l'on voie l'énorme narhwal, armé de fa défenfe menaçante, voguer avec bruit fur les ondes violemment courbées fous fa maffe monftrueufe. Ici le terrible requin & le hideux diable de mer pourfuivent avec acharnement leur proie & la dévorent avec fureur. Là, la vive dorade cingle avec légèreté, & plus loin le ferpent marin s'élance avec la rapidité d'une flèche, jetant des regards pleins de feu, & levant fa tête redoutable au deffus des vagues écumantes qu'il divife, & qu'il agite avec force au milieu des replis tortueux de fon dos recourbé.

D'un autre côté, fuivons des yeux les diverfes efpèces d'oifeaux ; ceux qui conftruifent groffièrement leur retraite fauvage fur le fommet des rochers efcarpés & des monts fourcilleux, s'élèvent fièrement au deffus des orages, & ne fe repaiffent que de fang ; les aigles, les vautours, &c. ; ceux qui, fubjugués par l'homme, vivent paifiblement fous fon empire, & reçoivent de lui leur nourriture, leurs plaifirs, leurs formes & leur caractère ; ceux qui ne fe plaifent que fur les eaux, fe jouent au milieu des tem-

H v

pêtes de l'onde, & n'abandonnent jamais les rivages; ceux qui ne fréquentent que les déserts & les sables brûlans, tels que l'autruche, le cazoar, &c.; les oiseaux de l'Amérique, & ceux de l'ancien Continent; ceux dont le plumage réfléchit les couleurs les plus belles, & fait jaillir les feux des diamans, au milieu de l'éclat de l'or; & ceux dont les plumes obscures & rembrunies n'offrent que des nuances tristes & sombres.

Enfonçons-nous dans ces forêts antiques qui s'élèvent majestueusement sur le front plus antique encore des hautes montagnes, ou qui étendent & épaississent leurs rameaux touffus dans les vallées profondes & gelées qui séparent ces mêmes monts, & servent de retraite à l'humidité & à de froides ténèbres; considérons les différens arbres qui composent ces forêts: examinons ensuite ceux qui croissent dans les climats plus chauds, & ceux qui s'élèvent dans les régions tempérées; voyons les uns aller cacher leur tête dans les nuages; d'autres ne croître que lorsque leurs racines peuvent être arrosées par des eaux courantes, ou imbibées d'une humidité qui se renouvelle sans cesse: ceux-ci porter au loin leurs branches, mais rabaisser humblement leurs rameaux ; le chêne robuste se charger de glands ; le tilleul se vêtir de ses feuilles satinées ; les hêtres, les lauriers toujours verts, les platanes, les hauts peupliers, les ormeaux antiques ; le sapin élever sa tête hérissée sur sa longue tige droite & résineuse ; les différens arbres à fruit, les couleurs dont ils sont ornés ; les fleurs & les pommes couleur d'or dont l'oranger se pare.

Des arbres, passons aux arbustes ; de ceux-ci aux arbrisseaux : avançons-nous vers les grandes plantes ; considérons les plantes moins exhaussées ; examinons les herbes, & descendons enfin à l'humble mousse, aux petites plantes des moisissures, & à celles qu'on ne peut appercevoir qu'avec le secours d'un microscope.

Observons toutes les espèces de terres & de pierres. Quelle prodigieuse diversité ! quelle variété de formes tant extérieures qu'intérieures, de couleurs, de grandeurs, d'organisation, de propriétés, de cristallisation, de composition, de nature ! Que seroit-ce, si nous fouillions dans le sein de la terre ; si nous en tirions les métaux, les demi métaux & toutes les espèces de fossiles ; si nous

comparions les différentes manières dont
ils se montrent à nos yeux ; si nous ajou-
tions à tous ces êtres sortis des mains de
la nature, les produits de tous les arts de
l'homme ? Et que seroit-ce enfin, si nous
ne nous contentions pas d'observer le
globe que nous habitons, & si nous tour-
nions nos regards vers les planètes, &
les comètes qui tournent autour de notre
soleil, & vers tous les astres que peut
renfermer l'immensité de l'espace ?

Ne reconnoîtrons-nous pas encore,
parmi les différens corps de la nature,
une plus grande diversité, si nous faisons attention que dans quelque classe
que ce soit, aucun être n'est parfaitement semblable, & que chaque individu
doit par conséquent jouir de quelque propriété, ou de quelque modification particulière ? Parmi les hommes, quelque
grand que soit leur nombre, aucun ne
se ressemble, puisque chacun peut être
reconnu au milieu de la foule la plus
considérable. De quelle prodigieuse quantité d'arbres la surface de la terre n'est-
elle pas couverte ! De quelle quantité de
feuilles chaque arbre n'est-il pas paré !
Aucune feuille cependant n'est parfaitement semblable, & on peut s'en assurer

par leur comparaison. Le nombre des
criſtaux de même eſpèce, ſoit naturels,
ſoit artificiels, eſt immenſe; & cependant
chacun de ces criſtaux n'eſt-il pas du
moins différencié de tous les autres par
quelque altération dans ſa figure ?

Quelque diverſité qui règne parmi les
corps de la nature, quelque variés, quelque différens les uns des autres qu'ils
puiſſent être, ils ſe reſſemblent cependant tous par certains points; ils ont des
propriétés générales que l'animal renferme, comme les minéraux, l'inſecte,
comme le végétal, & que l'homme même,
en tant qu'être phyſique, partage avec
la pierre la plus brute.

Ce ſont ces propriétés générales que
nous allons examiner. Pour les découvrir
& les juger, nous nous ſervirons du grand
moyen de connoître les choſes générales :
nous emploierons la comparaiſon des
choſes particulières. Nous examinerons
les propriétés dont les différens corps en
particulier jouiſſent. Par-là non-ſeulement nous pourrons exclure toutes celles
que nous verrons n'appartenir qu'à certains corps, mais nous pourrons encore
ne regarder comme des propriétés véritablement générales, que celles que nous

aurons dépouillées de toutes les modifications uniquement propres à certaines fubftances.

Pour mieux concevoir les propriétés générales des corps, nous les placerons à côté de quelque objet dont nous ayons déja une idée un peu diftincte ; nous les comparerons avec les propriétés générales de la matière.

La première propriété des corps eft la porofité. C’eft cette propriété qui les diftingue effentiellement des atômes, & qui donne naiffance à toutes celles qui leur font particulières. Otez à un corps les pores qui le divifent, & quelque gros qu’il puiffe être, vous n’aurez plus qu’un être entièrement femblable aux atômes, un être parfaitement impénétrable, parfaitement folide, parfaitement dur, que toutes les forces de la nature ne pourront ni divifer, ni émouffer, & qui fera à jamais inaltérable & indeftructible.

Ce font les pores des corps qui ont établi une différence effentielle entre le volume & la maffe. Par *volume*, on entend l’efpace qu’un corps occupe, ou, pour mieux dire, l’efpace compris entre la circonférence ou les limites de ce corps ; & par *maffe*, on défigne la quantité de matière que le corps renferme, le nombre des atômes qu'il contient. S'il n'y avoit point de pores, lorſque deux corps auroient le même volume, ils auroient une maſſe égale ; ils contiendroient le même nombre d'atômes, la même quantité de matière. Mais chaque corps ayant des pores, & pouvant en renfermer plus ou moins, deux corps peuvent être circonſcrits par une enceinte égale, & poſſéder plus ou moins de matière. A meſure que les corps contiennent moins de pores, ils ſe rapprochent davantage de la vraie ſolidité ; ils reſſemblent davantage aux atômes, & on les appelle plus ou moins ſolides. A meſure au contraire qu'ils renferment plus d'intervalles, on les nomme plus ou moins *rares*.

La poroſité, ainſi que nous venons de l'indiquer, peut être plus ou moins forte dans les différens corps de la nature.

Cette propriété eſt prouvée par le raiſonnement. En effet, ſi les corps n'étoient point poreux, ils ſeroient parfaitement ſolides, & par conſéquent parfaitement durs ; ce qui répugne, ainſi que nous le verrons bientôt : ils ſeroient inaltérables & indeſtructibles comme les atômes, ce qui ne répugne pas moins.

Mais d'ailleurs l'expérience établit la porofité des corps d'une manière incontestable : il n'en eft aucun qui n'ait offert des pores plus ou moins ouverts à ceux qui les ont confidérés avec attention, foit à la vue fimple, foit avec le fecours des loupes ou des microfcopes.

Plufieurs faits prouvent d'ailleurs la porofité, & nous allons en rapporter quelques - uns de relatifs aux différens corps de la nature. Nous parlerons pour cela d'une partie de ceux qui concernent les fubftances folides & les fubftances liquides, & nous en expoferons parmi les premiers, qui regarderont les fubftances animales, les fubftances végétales, & les minéraux.

Premièrement, la porofité des fubftances animales eft fondée fur les faits fuivans. Si l'on renferme une certaine quantité de mercure dans un petit fac de peau de quelque efpèce qu'elle foit, fi l'on lie bien le petit fac, & fi on le comprime, le mercure paffera au travers de la peau, & tombera fous la forme d'une pluie très-fine. La matière n'étant pas pénétrable, le mercure ne pourroit pas s'échapper au travers du petit fac, fi la peau ne renfermoit pas quelques intervalles ou quelques pores. Cette expérience prouve encore que les pores de la peau font très-petits & très-multipliés, puifque les grains de mercure qui tombent font très-nombreux & prefque imperceptibles.

M. Winflow imagina de faire approcher d'une furface blanche & fortement éclairée par le foleil, la tête rafée d'un homme, & il vit diftinctement fur cette furface l'ombre d'une efpèce de vapeur qui s'élevoit de cette tête. Cette vapeur, qui n'étoit autre chofe que la tranfpiration infenfible, auroit-elle pu s'échapper, fi la peau n'étoit parfemée d'une très-grande quantité de pores? La fueur fe diffiperoit-elle par toutes les parties de notre corps, fans ces mêmes intervalles? Les cuirs les plus épais pourroient-ils, s'ils n'étoient parfemés de pores, laiffer paffer plufieurs émanations, telle, par exemple, que le venin de certaines araignées d'Amérique, ainfi que cela eft rapporté par plufieurs voyageurs?

L'obfervation fuivante, faite par Lewenhoeck (*a*), prouve encore non-feulement la porofité de la peau, mais la

____

(*a*) Lewenhoeck, arcana naturæ, t. 3. p. 413.

grande quantité de pores qu'elle renferme. Cet observateur, à l'aide d'un très-bon microscope, compta & fit voir très-distinctement cent vingt petites ouvertures sur un morceau de peau humaine, de la longueur d'une ligne (*mesure angloise*) ce qui donne 2,903,040,000 pores pour la surface entière du corps d'un homme de taille moyenne.

Les faits suivans prouvent encore la porosité des substances animales. Que l'on mette un œuf un peu vieux dans un vase plein d'eau ; que l'on place le vase sous le récipient d'une machine pneumatique, & qu'on tâche d'enlever l'air au récipient : à chaque coup de piston que l'on donnera, l'on verra une multitude prodigieuse de petites bulles d'air s'échapper de l'intérieur de l'œuf : elles s'élanceront dans le vide en traversant l'eau, sous la forme de globules. Par où auroient pu sortir ces bulles d'air, si la coque de l'œuf n'étoit pas percée d'une infinité de petits pores ? Sans ces intervalles, les œufs seroient toujours aussi frais que lorsqu'il n'y a pas long-temps qu'ils ont été pondus ; leur substance laiteuse ne s'évaporeroit pas, l'air extérieur n'en prendroit pas la place, les œufs enfin ne se pourriroient pas; & voilà pourquoi nous voyons réussir avec tant de succès la méthode imaginée par M. de Réaumur, pour les conserver sains & frais pendant plusieurs années, & qui consiste à enduire leur coque avec un vernis; par exemple, avec de la gomme arabique, dissoute dans de l'eau-de-vie, qui bouche les pores de la coque, & la rend en quelque sorte solide.

La porosité des substances végétales est établie par les faits suivans. Nous verrons, dans le cours de cet ouvrage, qu'une dissolution de chaux vive & d'orpiment, & une dissolution de sel de plomb, qui toutes les deux sont très-blanches, noircissent dès qu'elles se mêlent ensemble, & même que le sel de plomb noircit, dès qu'il reçoit les émanations de la première dissolution qui est très-volatile. Plusieurs physiciens ont profité de cette propriété, pour prouver la porosité des substances végétales. Pour cela ils ont tracé des caractères sur une feuille d'un livre, avec une dissolution de plomb; ils ont ensuite enduit une feuille assez éloignée du même livre, de dissolution de chaux & d'orpiment; &, voyant que les caractères noircissoient, & attribuant ce phénomène aux émanations qui traversoient les feuillets, ils en ont conclu la porosité de ces feuillets, & par conséquent des subs-tances végétales, le papier étant com-posé de débris de végétaux.

J'ai répété leurs expériences ; & pour avoir des preuves plus fortes, j'ai essayé avec succès de faire passer les émanations de la chaux & de l'orpiment au travers de planches assez épaisses. Pour avoir en-core une preuve plus concluante, & pour qu'on ne pût pas dire que les émanations décrivoient une espèce de demi-cercle dans leur route, faisoient le tour des substances végétales qu'on éprouvoit, & ne les tra-versoient pas, je fis l'expérience suivante.

Je pris une boule de bois creuse, qui pouvoit aisément s'ouvrir en deux ca-lottes, & se refermer très-exactement par le moyen d'une rainure assez profonde ; je renfermai dans cette boîte une disso-lution de chaux vive & d'orpiment. Le bois étoit très-dur, très-serré, & épais d'un demi-pouce. Je plaçai au dessus de la boule une feuille de papier trempée dans une dissolution de sel de plomb : je la vis bientôt noircir.

Dans cette expérience, les émanations de la chaux & de l'orpiment qui ont noirci la feuille de papier, n'ont-elles pas dû néceſſairement traverſer le bois, & auroient-elles pu le faire, s'il n'avoit pas été garni de pores, & ſi même il n'en avoit pas eu une grande quantité ? Mais pourquoi rapporter tant de faits, lorſqu'il ſuffit de dire qu'il n'eſt aucun phyſicien qui n'ait apperçu ou pu appercevoir cette multitude de petits vides à l'aide d'une loupe ou d'un microſcope, & qu'il y a même pluſieurs de ces pores qu'on doit remarquer à la vue ſimple, d'une manière très-diſtincte ? On peut conſulter particulièrement à ce ſujet les obſervations de Lewenhoeck, de Malpighy & d'Adams.

Quelque compactes que ſoient les ſubſtances minérales, elles renferment des pores ; & combien d'obſervations ne le prouvent-elles pas ! Rapportons-en quelques-unes.

Une pierre de Bologne, nouvellement calcinée & renfermée dans une boîte de métal, produit des exhalaiſons qui s'échappent au travers de la boîte, & qui colorent le métal. Si la boîte eſt de laiton, elles lui donnent une couleur d'argent, & ſi elle eſt d'argent, elle acquiert une couleur d'or (*a*).

(*a*) Mémoires de l'Académie des Sciences, année 1709.

Un mélange de chaux vive, de vinaigre diftillé, de nitre, de fel marin, & de foufre mis dans un creufet de fer, à un feu de réverbère, pénètre avec la plus grande facilité, & traverfe l'épaiffeur du fer, fans laiffer de traces de fon paffage. Le pourroit-il, fi le fer n'avoit point de pores (*a*) ?

Les pierres les plus dures, le diamant, ne laiffent-ils pas paffer la lumière au travers de leur fubftance, & cela n'exige-t-il pas qu'ils aient des pores, la matière étant impénétrable ? D'ailleurs, il n'y a qu'à examiner au microfcope une lame mince de métal, un feuillet enlevé à une pierre, & on les verra criblés de trous.

A l'égard des liquides, leur tranfparence n'eft-elle pas une preuve fuffifante de leur porofité ? De plus, combien de fluides qui, mêlés les uns avec les autres, fe pénètrent pour ainfi dire, & rempliffent, après leur mélange, un efpace bien moindre que celui qu'ils occupoient auparavant ? Par exemple, le gas nitreux & le gas phlogiftiqué, l'eau & l'efprit de vin, l'eau & l'acide marin, l'eau & l'acide

____

(*a*) Mémoires de l'Académie des Sciences, année 1713.

nitreux, l'eau & l'acide vitriolique, l'eau & l'alkali fixe, le vinaigre & ce même alkali, &c. se mêlent de manière que l'espace qu'ils occupent après l'effervescence plus ou moins vive que leur union fait naître, est moindre que celui qu'ils remplissoient avant leur mélange. Ces phénomènes paroîtroient-ils, si les liquides n'étoient pas poreux ?

Tous les corps de la nature sont donc remplis de pores ; la porosité est donc une propriété générale des corps. Elle est susceptible de plus & de moins, ainsi que nous l'avons dit ; & elle peut varier de deux manières, ou par le changement du volume, la masse restant la même, ou par l'altération de la masse, le volume ne changeant pas.

Avec le premier moyen, les parties constitutives des corps s'éloignent les unes des autres, se touchent par un plus petit nombre de points, & laissent ainsi de plus grands vides ; ou bien elles se rapprochent, & les intervalles qui les séparoient diminuent ; & lorsque le second moyen est employé, de nouvelles molécules viennent remplir les vides qui séparoient les anciennes, & le nombre des pores diminue ; ou des molécules abandonnent la maffe, & laiffent de nouveaux pores à leur place.

Nous verrons dans le cours de cet ouvrage, que toutes ces différentes altérations de la porofité changent prefque toujours la nature du corps qui les éprouve ; tant il eft vrai de dire que la porofité eft la fource des autres propriétés générales qui font propres aux corps, puifqu'une légère variation dans fon intenfité, augmente ou diminue prefque toujours la force de ces autres propriétés générales.

Il ne faut pas s'imaginer que les pores qui divifent les corps ne renferment abfolument aucune matière, & foient des vides parfaits. Que de fubftances particulières, fubtiles & déliées, que de fluides ne contiennent - ils pas ? Les uns font remplis en partie d'air de l'atmofphère ; les autres de différens *gas* ou vapeurs aériformes, ceux - ci de lumière ; tous renferment la matière de la chaleur quelle qu'elle foit, du fluide électrique, & du fluide magnétique. Ces différentes matières ne les rempliffent cependant pas, de manière à n'y laiffer abfolument aucun intervalle : il exifte toujours des vides autour de leurs molécules, & l'on peut toujours dire que les pores des corps contiennent

tiennent de ces petits eſpaces parfaitement dénués de matière, dont nous avons
parlé en traitant de l'eſpace en général.

La ſeconde propriété générale des
corps, ou, pour mieux dire, de leurs parties conſtitutives, eſt la cohérence ; mais
nous ſommes obligés de renvoyer ce que
nous avons à en dire.

La troiſième propriété générale des
corps eſt la pénétrabilité. C'eſt une ſuite
néceſſaire de leur poroſité ; car comment
un corps pourroit-il empêcher un autre
corps d'entrer dans les vides qu'il renferme ?

L'impénétrabilité dont les corps peuvent jouir, leur eſt entièrement étrangère, & on doit dire que par leur propre
nature ils ſont pénétrables. Ce n'eſt point
par un pouvoir qui leur ſoit propre,
qu'ils s'oppoſent à ce qu'une ſubſtance
rempliſſe préciſément le même eſpace
qu'ils occupent ; ce n'eſt pas par les propriétés qui les conſtituent *corps*, qu'ils
lui réſiſtent ; ce n'eſt que par les forces
des atômes qu'ils contiennent. Comme
corps, ils ne peuvent que ſe laiſſer pénétrer : en effet, comme corps ils renferment des vides dans leſquels les ſubſtances étrangères peuvent venir ſe placer,

Tome I. I

fans qu'ils puiffent les en empêcher, ainfi que nous l'avons dit, & ils ne leur oppofent une réfiftance que lorfque ces vides font entièrement remplis, & qu'il faudroit que les atômes qui leur fervent de bafe, fe laiffaffent pénétrer : mais cette oppofition vient-elle alors de quelques-unes de leurs propriétés ?

Plus nous avançons, & plus nous pouvons nous confirmer dans la néceffité de diftinguer avec foin la matière proprement dite, d'avec les corps : nous avons déja reconnu dans les corps trois grandes propriétés, &, excepté la cohérence, nous n'y avons rien trouvé de commun avec les propriétés des atômes. A mefure que nous parcourrons les différentes propriétés générales des corps, nous ne cefferons de voir celles qui leur font propres & qui les diftinguent, découler de leur porofité.

Les atômes étant étendus, & les corps n'étant compofés que d'atômes, l'étendue ne doit-elle pas être une des propriétés générales des corps ? Mais leur étendue eft bien différente de celle que nous avons reconnue dans la matière en général. Celle des atômes leur eft entièrement propre, au lieu que celle des corps ne leur appartient qu'en partie : l'autre portion appartient aux espaces vides qu'ils renferment.

Leur porosité modifie donc leur étendue ; & ainsi non-seulement elle est l'origine des propriétés générales qui leur sont particulières, mais elle peut modifier encore celles qui leur sont communes avec les atômes.

Les corps partagent encore avec les atômes la propriété d'êtres figurés. Dès qu'ils sont étendus, ne doivent-ils pas avoir une figure ? car les figures ne sont autre chose que les limites de l'étendue ; & l'étendue des corps doit avoir des limites, les corps n'étant que des êtres finis. Mais leur figure diffère encore de celle des atômes, en ce qu'elle ne les circonscrit pas uniquement, & qu'elle termine non-seulement l'espace qu'ils remplissent, mais encore celui qui est occupé par les vides qu'ils renferment.

C'est encore la porosité qui modifie cette propriété générale des corps ; elle agira de même médiatement ou immédiatement sur toutes celles qui seront communes aux corps & à d'autres êtres, & qui seront altérées ; & on ne doit pas en être surpris. En effet, les propriétés des corps, communes à d'autres êtres, ne peuvent être modifiées que par les propriétés particulières de ces mêmes corps, toujours confidérés en général : mais toutes ces dernières viennent de leur porofité ; la porofité ne doit-elle donc pas modifier médiatement ou immédiatement toutes les propriétés des corps communes à d'autres êtres ?

Les plus petites molécules que les corps renferment, celles dans lefquelles ils peuvent être divifés par une efpèce d'opération mécanique, fans éprouver de décompofition, & fans perdre aucune de leurs propriétés, font auffi figurées, puifqu'elles font étendues. Nous verrons que la figure ou la groffeur de ces molécules, eft la fource de toutes les propriétés générales qui peuvent diftinguer les efpèces de corps. Il fuit de-là que cette figure ou cette groffeur doit varier à mefure que les efpèces varient ; & par conféquent, qu'elle ne doit pas être la diverfité des premières molécules des corps ? Autant les atômes nous préfenteroient des figures & des formes monotones & femblables, aut ant les molécules, autant les plus petits corps qui peuvent exifter, devroient offrir une merveilleufe variété de formes, de grandeurs & de figures.

Il sembleroit, au premier coup d'œil, qu'on pourroit parvenir aisément à juger de la figure de ces molécules premières, par celle des pores qu'on peut appercevoir avec le secours des microscopes. Mais il faudroit pour cela, que l'on fût assuré de voir les plus petits pores qui séparent ces molécules les unes des autres, & de distinguer ces intervalles d'avec les pores que renferment ces mêmes molécules. Car elles ont toutes les propriétés des corps; elles sont poreuses & bien éloignées de jouir de la solidité des atômes. Comme nous ne pensons pas qu'on y soit parvenu, nous ne rapporterons point les observations faites par différens physiciens sur la figure des pores des corps : nous dirons uniquement que Muschenbroeck a apperçu dans les substances végétales des pores plus grands & plus ouverts que dans les substances animales ; c'est-à-dire, que les premiers pores qui se présentent à la vue aidée par un microscope, sont plus grands dans les végétaux que dans les animaux. Mais qui sait si on ne découvrira pas dans les végétaux un autre ordre de pores plus nombreux,

qui feront plus proprement les pores des
fubftances végétales, que ceux qui ont
été obfervés par Mufchenbroeck, & qui
cependant feront plus petits que l'autre
ordre de pores qu'on pourra auffi appercevoir dans les fubftances animales? Peut-
être parviendra-t-on à reconnoître la figure & la groffeur des premières molécules des corps, d'après ce que je dirai
au chapitre de l'attraction.

Paffons à une autre propriété générale des corps, à la divifibilité. La matière
en général, les atômes, font indivifibles
phyfiquement. Cette même matière raf-
femblée & formant des corps, fe prête
à la divifion la plus rigoureufe. C'eft encore une fuite de la porofité des corps.
Un corps n'eft poreux que parce qu'il
eft compofé de différentes parties ; que
parce qu'il contient au moins deux atômes
qui exiftoient ifolés & féparément, & que
les forces de la nature ont attachés l'un
à l'autre. Ce que la nature a lié, la nature
peut le féparer. Ce ne font point ici des
atômes, ce ne font point des compofés
de parties jointes fi intimément, qu'elles
doivent avoir été créées ainfi unies, &
qu'on ne peut pas fuppofer qu'elles aient
été ifolées, & puis raffemblées par les

forces de la nature. Mais dès que la porofité eſt une des propriétés des corps,
ce ſont de vrais ouvrages de la nature,
qu'elle peut détruire comme elle les a
formés.

Les pores ſont les voies par leſquelles,
pour ainſi dire, la nature s'inſinue pour
opérer cette diviſion, ſoit que ſa propre
force l'y détermine, ſoit que l'art la
mette en mouvement. Et pourquoi les
corps ne ſeroient-ils pas diviſibles? Aucune des raiſons que nous avons données de l'indiviſibilité des atômes ne ſubſiſte pour les corps, ainſi qu'il ſera aiſé de
s'en appercevoir.

Si l'art ne peut pas opérer une diviſion
rigoureuſe des corps, la nature peut y
parvenir; & on ne peut pas aſſigner de
terme à leur diviſibilité, puiſqu'ils doivent préſenter cette propriété tant qu'ils
ſont poreux, & que, dès qu'ils perdent
tous leurs intervalles, ils ceſſent d'être
corps, & ne ſont plus que des atômes.
On peut donc en quelque ſorte dire qu'ils
ſont diviſibles à l'infini métaphyſique-
ment & phyſiquement, puiſqu'ils le ſont
de ces deux manières tant que leur exiſtence dure, & qu'on peut les appeler
corps.

I iv

Nous venons de voir ce que la nature & peut-être l'art peuvent faire. Voyons ce qu'ils font, ou, pour mieux dire, ce que nous favons qu'ils font : donnons des exemples de la plus grande divifion connue ; tirons-les des procédés des arts & de ceux de la nature. Voyons d'abord jufqu'à quel point l'induftrie humaine eft parvenue à divifer les corps.

Les batteurs d'or étendent une once d'or fous le marteau, pour en former feize cents feuillets quarrés, chacun ayant trois pouces de longueur & autant de largeur. Une ligne d'or peut être divifée en douze parties très-fenfibles. Chaque pouce quarré renferme 144 lignes ; il peut donc être divifé en douze fois 144 parties, c'eft-à-dire, en 1728 parcelles. Chaque feuillet quarré dont nous avons parlé, a trois pouces fur chaque face ; il contient donc neuf pouces quarrés ; il peut donc être divifé en neuf fois 1728 parcelles, c'eft-à-dire, en 15552 parties. Mais l'once d'or donne feize cents de ces feuillets ; elle peut donc être divifée en 24,883,200 parties.

Cette divifion paroît bien merveilleufe : celle dont nous allons parler va le pa-roître bien plus.

Les ouvriers qui préparent l'or pour le filer avec de la foie, commencent par dorer un cylindre d'argent de 22 pouces de longueur & de 15 lignes de diamètre : il ne faut pour cela qu'une once d'or. On fait paſſer ce cylindre par une multitude de trous décroiſſans, faits à une petite machine d'acier appelée filière. Ce cylindre, en paſſant avec effort au travers de ces trous, s'alonge ; & l'or qui le recouvre s'alonge & s'étend auſſi. Lorſque l'opération eſt achevée, on le trouve réduit en un petit fil d'argent doré, dont la longueur eſt de 97 lieues communes de France.

On applatit ce fil qu'on appelle le trait, pour pouvoir s'en ſervir dans les différens ouvrages pour leſquels on le deſtine : on l'*écache*, c'eſt-à-dire, on le convertit en lame, en le faiſant paſſer entre deux roues d'acier placées l'une au deſſus de l'autre, très-ſerrées, dont l'une eſt miſe en mouvement par une manivelle, & dont l'autre eſt chargée d'un poids de près de 25 livres. Cette opération l'alonge encore d'un ſeptième : il forme donc alors une lame de près de 111 lieues de longueur. L'once d'or eſt auſſi devenue une lame de la même longueur; ou, pour mieux dire, comme la lame d'argent eſt dorée des deux côtés, l'once d'or a été changée par toutes ces opérations en deux lames de 111 lieues ; ce qui revient à une lame de 222 lieues. Quelle prodigieuſe quantité de parties ne peut-on pas tirer de cette lame ? Chaque lieue eſt de 2222 toiſes ; la lame contient donc 93,284 toiſes, par conſéquent 559,704 pieds, par conſéquent 6,716,448 pouces, & par conſéquent encore 78,597,376 lignes. Mais chaque ligne peut être diviſée en douze parties très-ſenſibles : la lame peut donc être diviſée en 943,168,512 parties. D'ailleurs, la lame eſt aſſez large pour pouvoir être diviſée en trois dans le ſens de ſa longueur : ainſi il faut multiplier par trois le nombre que nous venons de trouver. Une once d'or peut donc être diviſée en vingt-huit mille deux cents neuf millions 505,536 parties. Quel nombre prodigieux de parcelles l'induſtrie humaine ne peut-elle pas en tirer ? Juſqu'à quel point ne peut-elle pas diviſer les corps ? Voyons maintenant travailler la nature.

Boyle (*a*) obſerva pendant pluſieurs

(*a*) Boyle de mira ſubtilitate effluviorum.

jours un morceau d'ambre qui pesoit plus de cent grains : il le mit en équilibre dans une balance sensible à une petite partie d'un grain ; & il ne parut pas à la fin de l'observation que le poids de l'ambre eût diminué de la moindre quantité, quoique cette substance se fût continuellement évaporée d'une manière sensible, & qu'elle eût parfumé pendant tout ce temps la masse d'air dans laquelle elle étoit renfermée.

Les fleurs répandent autour d'elles une odeur qu'on sent à plus de dix pieds de distance ; elles parfument par conséquent une sphère d'air de plus de vingt pieds de diamètre, & dont la solidité comprend plus de 4000 pieds cubes. Cette masse d'air se renouvelle en quelque sorte à chaque instant : il faut donc que les parties odorantes qui s'échappent des fleurs soient bien multipliées. Quelle ténuité ne doivent-elles pas avoir, & quelle division la nature ne fait-elle pas par conséquent éprouver aux corps ?

Les physiciens ont essayé d'avoir une idée plus approchée de la ténuité de ces particules. Ils ont pour cela fait évaporer une certaine quantité d'une substance odorante : ils ont, par exemple, mis de l'eau de lavande dans une éolipyle (*a*) de verre, & ont pefé l'éolipyle & l'eau. Ils ont expofé cette éolipyle à la flamme d'une lampe à l'efprit-de-vin, dans une chambre bien fermée. Lorfque tout l'air a été parfumé par la vapeur odorante qui n'a pas manqué de s'élever, ils ont éteint la lampe & arrêté l'évaporation ; ils ont laiffé refroidir l'éolipyle, l'ont pefée pour connoître la diminution du poids de la liqueur, & ils ont enfuite comparé cette diminution avec la maffe d'air parfumée.

Par exemple, M. Sigaud de la Fond (*b*) a répété cette expérience dans une falle de 22 pieds de longueur, de 18 de largeur, & de 10 de hauteur. En réduifant en lignes cubiques la maffe d'air comprife dans cette falle, ce profeffeur a trouvé plus de 11,000,000,000 lignes cubiques d'air. L'évaporation avoit emporté un grain de liqueur. Il a fuppofé au moins quatre parties odorantes dans chaque ligne cubique d'air. Il a donc

---

(*a*) Une éolipyle eft une boule creufe percée d'un petit trou : on en fait de métal, de verre, &c.

(*b*) Élémens de phyfique, théorique & expérimentale.

conclu que le grain s'étoit divisé en plus de 47,000,000,000 parties.

Il a été encore plus loin; il a pensé que les parties odorantes ne faisoient pas la dixième partie de la masse évaporée. D'après cela, il a dit que le dixième d'un grain avoit été divisé en 47,000,000,000 parties; & par conséquent on doit dire que la nature divise chaque jour un grain d'une substance odorante, en 47,000,000,000 particules. Quelle prodigieuse divisibilité n'appartient-elle pas aux corps?

Ceci doit ajouter encore à l'idée que nous avons pu nous former de la petitesse des atômes. En effet, quelle n'est pas la ténuité de la 470,000,000,000^e partie d'un grain? Cependant cette particule est encore un corps; elle est encore poreuse; elle est encore composée de principes qui sont aussi poreux. Quel chemin n'y a-t-il peut-être pas à faire pour arriver de ces parcelles aux simples atômes? D'après cela, quelle ne doit pas être la petitesse de ces derniers? Combien l'échelle de la nature n'est-elle pas immense? que l'ordre des êtres créés est infini! Quelle distance n'y a-t-il pas depuis l'atôme qui, peut-être, est quatre cents mille millions de fois plus petit qu'un de ces corpuscules que nous avons vu lui-même être quatre cents mille millions de fois plus ténu qu'une particule odorante du poids d'un grain; quelle distance, dis-je, dans l'ordre des grandeurs de cet atôme, aux astres les plus gros qui régissent les cieux, à Sirius qui a peut-être plus de trente millions de lieues de diamètre ! Quelle chaîne, que celle qui unit des êtres aussi éloignés ! Et ce qui doit bien redoubler notre étonnement, & nous la faire trouver encore plus infinie, c'est que, depuis Sirius, on peut descendre jusqu'à l'atôme par une suite de degrés insensibles de grandeurs; c'est que de l'un à l'autre il n'y a aucun intervalle vide, mais que tout est rempli par des corps de grandeur différente, & qui ne sont distingués de leurs voisins que par des nuances insensibles. Quelle diversité de grandeurs ne suppose pas un ordre semblable ! Que la nature paroît grande, lorsqu'on la considère sous ce point de vue !

La sixième propriété générale des corps c'est la vertu attractive, quelle qu'en soit l'origine, soit qu'elle réside dans les corps, ou qu'elle ne soit qu'un effet d'une cause étrangère qui les accompagne nécessairement. Cette propriété ne peut pas dépendre de la porosité, parce qu'elle n'est pas particulière aux corps, & que nous avons vû les atômes en être doués; mais elle est modifiée par la porosité, ainsi que doivent l'être toutes les propriétés générales des corps qui leur sont communes avec d'autres êtres. Il y a trop de choses à dire relativement à l'attraction des corps, trop de principes à discuter, d'expériences à décrire, de phénomènes à exposer, de lois à établir, pour en traiter ici : nous renvoyons à en parler au chapitre suivant, que nous lui consacrons en entier.

La septième propriété générale des corps, c'est l'adhérence, dont nous ne pouvons pas parler encore ; & la huitième, c'est la corruptibilité. Ce ne sont plus ici des atômes solides qu'aucune force de la nature ne peut diviser ni comprimer ; dont par conséquent elle ne peut changer ni altérer la figure, & dont même la surface résiste à tous les coups ; mais ce sont des assemblages poreux au milieu desquels la nature peut faire pénétrer tous ses agens, dont non-seulement elle altère & change à son gré la figure, mais dont elle modifie la forme jusque dans le plus intérieur, qu'elle divise jusque dans leurs

principes conſtituans les plus cachés, dont
elle ſépare les parties au point qu'elles ne
forment plus de tout, qu'elle détruit par
conſéquent entièrement, & que l'homme,
avec ſes forces bornées, peut auſſi diviſer & décompoſer. C'eſt ici véritablement
le règne du temps, c'eſt-à-dire, de la
continuité des efforts de l'homme, ou de
l'action de la nature ; c'eſt ici qu'il exerce
ſon ravage ; c'eſt ici que nous trouvons
la deſtruction, la corruption & la mort.

Non - ſeulement la corruptibilité eſt
une ſuite de la poroſité, ainſi que nous
l'avons annoncé pour toutes les proprié-
rés générales qui ſont propres aux corps,
mais elle en découle néceſſairement. Et
en effet, quel eſt le corps qui ſubſiſte
toujours le même, & qui chaque jour ne
nous préſente pas une nouvelle plaie faite
par le temps ? Le même inſtant voit naître
& mourir l'inſecte ; pluſieurs des végétaux
ne vivent qu'une ſaiſon, d'autres en voient
pluſieurs ; mais à chaque moment ils perdent une partie de leur beauté, de leurs ornemens, de leurs forces : l'homme, le plus
bel ouvrage de la nature, à qui le ſouve-
rain Être a aſſocié le vrai principe de toute
conſervation ; l'homme, dans le temps
même qu'il croît, qu'il grandit, qu'il ac-

quiert de nouvelles forces & une vigueur nouvelle, ne dépérit-il pas chaque jour en partie? n'est-il pas obligé d'abandonner chaque jour à la nature quelque portion de lui-même? Et lorsqu'il a atteint le faîte de ses courtes années, ne descend-il pas à grands pas vers la destruction, & ne disparoît-il pas bientôt? Ne voyons-nous pas les montagnes les plus élevées, les rochers les plus durs dissous par les eaux, minés par le froid, frappés par le vent & par les autres agens de la destruction, se fondre pour ainsi dire, s'écouler dans les plaines, & s'y effacer? La figure de la terre ne change-t-elle pas à chaque instant? N'a-t-on pas vû des étoiles, des soleils s'éteindre dans les cieux? Et dans toute l'immensité de l'espace, la nature ne va-t-elle pas sans cesse moissonnant tous les corps?

La dureté est-elle une propriété générale des corps? Si, par dureté, on entend cette dureté absolue qui exclut absolument toute compression, & que nous avons vû convenir aux atômes, on ne doit pas l'attribuer aux corps; c'est encore une suite nécessaire de leur porosité; il suffit qu'ils renferment des vides & des intervalles, pour que les forces de l'art, ou du moins celles de la nature, puiſſent rapprocher leurs molécules, obliger leurs parties à ſe toucher par un plus grand nombre de points, & par conſéquent les comprimer. D'ailleurs, nous verrons à l'article du mouvement, que cette dureté abſolue eſt incompatible, même dans les plus petits corps, avec les phénomènes que la nature préſente. Mais ſi, par dureté, on n'entend que cette réſiſtance que certains corps peuvent oppoſer à la compreſſion, & par conſéquent au changement de leur figure; réſiſtance cependant qui n'eſt pas inſurmontable, & qui chaque jour eſt vaincue; on peut l'admettre au nombre des propriétés des corps, & la regarder même comme une propriété auſſi générale que toutes celles que nous venons d'examiner. En effet, quelque mous que ſoient les corps, ils oppoſent toujours une certaine réſiſtance à la force qui tâche de les comprimer, & ont par conſéquent une certaine dureté.

Les atômes ne ſont parfaitement durs, que parce qu'ils ne renferment abſolument aucun pore; il ſemble donc au premier coup d'œil que les corps doivent être d'autant plus durs, qu'ils ſont diviſés par un plus petit nombre de vides. D'un autre côté, moins les corps ont de pores, & plus ils renferment de matière sous un volume égal ; & par conséquent plus ils sont pesans, ainsi que nous le verrons dans la suite. Il paroît donc que la dureté des corps est en raison de leur pesanteur, ainsi que le pensa Muschenbroeck, d'après les considérations que nous venons de faire.

Elle le seroit réellement, si l'espèce de dureté que nous attribuons aux corps n'étoit pas aussi en raison directe d'une propriété générale différente de la porosité, en raison de l'affinité que les parties des corps exercent les unes sur les autres. Mais cette affinité influe sur la dureté ; elle ne suit pas la même proportion que la porosité ; elle peut être très-forte, quoique la porosité soit très-petite, c'est-à-dire, quoique les corps se rapprochent beaucoup de la solidité des atômes ; & elle peut s'accroître ou diminuer à un tel point, que son influence l'emporte sur l'influence de la porosité. La dureté peut donc être beaucoup plus forte dans un corps moins pesant : elle n'est donc pas en raison de la pesanteur, ainsi que le pensoit Muschenbroeck ; & cela est d'ailleurs prouvé par l'expérience, d'une manière bien évidente. En effet, il faut bien moins d'efforts pour graver quelque empreinte fur du plomb, que fur du cuivre ; & fi les figures font moins nettes lorfqu'elles font tracées fur le plomb, ce n'eft que parce que ce dernier métal reçoit plus aifément l'impreffion de tous les petits coups qu'on lui donne. Le cuivre eft donc plus dur que le plomb ; & cependant le plomb eft plus pefant que le cuivre au moins de deux onzièmes.

Expofons maintenant une propriété des corps, qui n'eft pas une propriété générale, puifqu'elle n'appartient pas à tous les corps ; mais qui non plus n'eft pas une qualité vraiment particulière, puifqu'elle convient à plufieurs efpèces de corps très-différentes l'une de l'autre, & qui par conféquent demande que nous en traitions ici : je veux parler de la fragilité.

Plufieurs corps très-durs, qui ne reçoivent que très-difficilement les plus foibles empreintes, & ne cèdent que très-peu à la compreffion, fe brifent cependant en mille éclats, fouvent lorfqu'ils n'éprouvent qu'un petit choc ; tels que le verre, la porcelaine, l'acier trempé, &c. Tous ces corps font fragiles. L'affinité de leurs parties & leur folidité doivent les faire jouir d'une très-grande dureté, c'eſt-à-dire, d'une très-grande oppoſition à la compreſſion ; mais en même temps la cohérence de leurs parties doit être telle, que lorſqu'un choc, quelque petit qu'il ſoit, les a diviſées par le moyen d'un frémiſſement ou de quelque ondulation intérieure, elles ne s'attirent plus, ne ſe réuniſſent plus, mais tombent ou volent chacune de ſon côté, & ſe diſperſent.

C'eſt par une raiſon ſemblable qu'un caillou n'eſt pas comprimé, avec quelque force qu'on le frappe, & qu'il ſe briſe en mille petits éclats ſi on le choque d'une certaine manière & ſur un corps aſſez mou, comme, par exemple, ſur un couſſin, ſes parties éprouvant alors une eſpèce de frémiſſement & d'ondulation intérieure qui les diviſe ; & il n'y a d'autre différence ici entre le caillou & les ſubſtances fragiles que nous avons nommées, qu'en ce qu'un petit choc peut produire dans les ſubſtances fragiles cette déſunion qui les fait éclater ; tandis qu'un très-grand choc ne peut pas toujours déſunir les parties du caillou, & qu'elles ne peuvent être disjointes que par un choc d'une certaine nature, & reçu ſur un point d'appui particulier.

Il est important de remarquer que cette propriété des corps que nous venons de nommer *fragilité*, est plutôt une altération qu'une propriété : elle n'appartient point aux corps lorsqu'ils jouissent encore de l'état dans lequel ils sont sortis pour la première fois des mains de la nature ; & elle ne convient qu'à ceux qui ont été altérés par l'homme, ou que la nature a de nouveau maniés, travaillés, modifiés. Toutes les substances fragiles, en quelque sorte, ont été fondues dans nos fourneaux ou dans les foyers des volcans ; & en général les corps les plus fragiles sont ceux qui, après avoir subi l'action d'un très-grand feu, éprouvent celle d'un très-grand froid, comme, par exemple, l'acier trempé, & les pièces de verre & de porcelaine qu'on a fait extrêmement chauffer, & qu'on a plongées ensuite dans une eau très-froide.

Il semble donc que cette disposition, d'après laquelle les parties constituantes ne jouissent que d'une foible tendance mutuelle, lorsqu'elles ont été désunies, soit que cette disposition soit due à leur figure ou à leur grosseur ; il semble, dis-je, que cette disposition doive provenir de l'action d'un feu très-ardent, & qu'elle ne soit jamais aussi forte que lorsqu'un très-grand froid les saisit dans le temps qu'elles sont encore impregnées d'une chaleur très-vive, leur fait subir une condensation subite, une contraction violente, un resserrement très-grand.

Il est encore essentiel d'observer que les substances les plus fragiles ne le sont que lorsqu'elles sont étendues en lames assez minces : leur fragilité s'évanouit, ou du moins diminue beaucoup, lorsqu'elles forment des masses d'une certaine épaisseur dans tous les sens, comme, par exemple, lorsqu'elles constituent des cubes ou des boules d'une grandeur un peu considérable.

Lorsque les substances fragiles sont étendues ; lorsque, par exemple, le verre est étendu en lame, & qu'on sépare deux portions de cette lame par un intervalle un peu considérable, ces deux portions n'ont point une tendance assez forte pour se réunir tout de suite, & elles volent en différens sens, avant que le peu de force attractive qui peut les pousser l'une contre l'autre ait eu le temps d'agir. Mais si l'on place au dessus ou au dessous de cette lame d'autres lames de même nature ; & si on forme un solide assez épais,

lorfque les deux premières parties dont
nous avons parlé auront été féparées
l'une de l'autre, elles feront retenues
affez long-temps par l'attraction des lames fupérieures & des lames inférieures,
pour que le peu de force attractive qui
peut encore s'efforcer de les réunir, les
rejoigne réellement.

　Aucun corps n'eft parfaitement dur;
aucun corps ne réfifte à la compreffion
d'une manière infurmontable. Tous les
corps font donc plus ou moins comprimés
lorfqu'ils éprouvent un choc : tous les
corps font donc mous ; car la molleffe
n'eft autre chofe que la propriété par
laquelle un corps cède au coup qui le
frappe, & retire fes parties au deffous
du poids qui le comprime, comme la
cire fous la main qui la façonne, la peau
fous le doigt qui la preffe, &c. C'eft par
le moyen des intervalles qui féparent les
différentes parties des corps, que ces
mêmes parties peuvent fe rapprocher les
unes des autres, & que les corps peuvent
voir changer leur figure extérieure. Mais
non-feulement la molleffe ne peut avoir
lieu que par le moyen des vides des corps ;
mais, étant une fuite néceffaire de leur
non dureté, elle doit découler néceffairement de leur porofité.

Nous avons vu que les différentes eſpèces de corps doivent être diſtinguées les unes des autres par la grandeur & le nombre, ou du moins par la figure de leurs pores : elles doivent donc varier par leurs degrés de molleſſe : & en effet, chaque eſpèce de corps eſt plus ou moins propre à céder aux impreſſions qu'elle reçoit.

La même eſpèce de corps & le même corps particulier peuvent auſſi avoir divers degrés de molleſſe, ſuivant les différentes altérations intimes qu'ils éprouvent. Et cela eſt il ſurprenant ? Leurs diverſes altérations intimes ne doivent-elles pas faire varier la grandeur, le nombre ou la figure de leurs pores ? & toutes ces choſes peuvent-elles changer ſans faire naître une molleſſe différente ?

Les métaux, par exemple, qui ſont durs lorſqu'ils ſont froids, c'eſt-à-dire, qui ne jouiſſent alors que d'une molleſſe très-foible, deviennent très-mous lorſqu'on les expoſe à l'action du feu. L'argile, qui eſt très-dure lorſqu'elle eſt ſèche, ſe ramollit lorſqu'on l'humecte & qu'on la mêle avec de l'eau. Pluſieurs autres corps acquièrent auſſi de la molleſſe par leur mélange avec le feu ou avec l'eau, qui doivent agrandir , multiplier ou figurer leurs pores de manière à ce que les parties de ces mêmes corps puissent se rapprocher davantage.

Au reste , quoique les corps soient mous , ils ne le font point cependant pour toutes les impreſſions , ou du moins ne le font que très - peu pour certains chocs ; & en ce ſens , on peut en quelque ſorte dire que la molleſſe eſt une qualité relative , quoiqu'elle ſoit réellement une qualité abſolue , & qu'elle dépende néceſſairement de la poroſité des corps. La même ſurface , par exemple , qui plie & s'affaiſſe ſous la lourde maſſe d'un éléphant , & que cet énorme animal trouve fort molle , peut être bien dure pour l'inſecte dont le petit poids ne peut lui faire recevoir preſque aucune impreſſion.

Les corps mous reprennent inſenſiblement la figure qu'ils ont perdue par la compreſſion , ou du moins la reprennent en partie ; mais c'eſt tout confondre , que de penſer avec quelques phyſiciens que ces phénomènes tiennent à la molleſſe des corps. Si la molleſſe étoit la ſeule propriété des corps , ils demeureroient toujours dans l'état où le choc les auroit laiſſés ; car la molleſſe n'eſt qu'un défaut de réſiſtance, une qualité paſſive, & ne peut pas faire ſuppoſer la plus foible réaction. C'eſt en vertu d'une propriété toute différente de la molleſſe, & dont nous verrons bientôt que tous les corps ſont plus ou moins doués, qu'ils reprennent leur première figure, ſe relèvent lorſqu'ils ont été froiſ-ſés, déploient de nouveau leurs parties ramaſſées, & ſe rétabliſſent, du moins en partie, dans leur premier état.

Les corps mous proprement dits, c'eſt-à-dire, ceux qui cèdent à preſque toutes les compreſſions, tiennent le mi-lieu entre les corps durs, c'eſt-à-dire, entre ceux qui ne jouiſſent que du plus foible degré de molleſſe, & ceux qu'on nomme fluides, & dont nous traiterons en particulier dans la ſuite.

Paſſons maintenant à la flexibilité. La flexibilité & la ductilité ne ſont en quel-que ſorte qu'une même propriété géné-rale des corps, mais qui s'exerce dans des circonſtances différentes.

Les parties conſtituantes des corps peu-vent être douées d'une telle groſſeur & d'une telle figure, leur force d'adhéſion peut être telle, qu'elles puiſſent s'éloi-

K ij

gner un peu dans les endroits où elles subissent les plus grands efforts, sans cependant se désunir en entier, ni cesser d'être liées ensemble : elles peuvent s'écarter jusqu'à un certain point, pour céder à des chocs violens; mais si elles ne se touchent pas, leur affinité les empêche de se séparer entiérement les unes des autres : les corps ont alors cette propriété qui les fait appeler *flexibles* dans certaines circonstances, & *ductiles* dans d'autres.

Lorsqu'en quelque sorte on ne leur fait éprouver d'action que dans quelques points, & qu'on ne s'efforce d'écarter qu'un certain nombre de leurs parties, leur résistance est la flexibilité. Par exemple, lorsqu'on plie un bâton de bois vert, & qu'on cherche à en faire toucher les deux bouts, on ne fait effort en quelque sorte que sur les parties du milieu du bâton, & encore n'attaque-t-on, ou du moins ne tend-on à séparer que les parties de ce bâton, situées à l'angle saillant qu'il forme en se pliant.

Lorsqu'on plie une feuille de métal, une feuille d'étain, d'argent, de cuivre, &c., lorsqu'on en veut rapprocher deux portions, on n'agit également que sur les parties du métal situées au sommet de l'angle saillant & extérieur que l'on forme. La propriété par le moyen de laquelle les parties du bâton ou du métal, sur lesquelles on agit, résistent à leur désunion entière, en s'éloignant cependant les unes des autres, est la *flexibilité*.

Mais si, au lieu d'agir sur quelques parties du métal, on s'efforce d'étendre la feuille sous le marteau, & d'en séparer toutes les parties les unes des autres, si ces parties résistent à leur séparation entière, & ne font que se désunir un peu, changer de situation, se glisser les unes sur les autres, se placer différemment, le métal jouit de la *ductilité*. C'est toujours la même propriété ; c'est-à-dire, ce sont toujours des parties qui, par une suite de leur vertu attractive, ne sont séparées que par de petits intervalles lorsqu'elles ont été contraintes de s'éloigner les unes des autres, & ne peuvent en quelque sorte jamais s'écarter tout-à-fait ; mais ici elles sont attaquées dans tous les points par la force qui cherche à étendre le corps auquel elles appartiennent ; & là, elles ne sont obligées de céder que dans quelques points particuliers à la puis-

fance qui cherche à fléchir ce même
corps.

Tous les corps poſſèdent cette propriété, parce qu'il faudroit, pour qu'ils
puſſent ne pas l'avoir, que leurs parties
fuſſent inſéparables, par conſéquent,
qu'ils fuſſent dénués de pores, ou qu'ils
ne jouîſſent pas de la vertu attractive que
nous leur avons reconnue : l'attraction
exiſtant, la ductilité & la flexibilité ſont
donc des ſuites néceſſaires de la poroſité.
Tous les corps cependant ne jouiſſent
pas de ces deux qualités à un degré égal.
Il y en a qui ne ſont pas du tout ductiles,
du moins en apparence, & dont les parties ont une telle force d'adhéſion mutuelle, qu'il faut les ſéparer entiérement
pour les déſunir.

On parvient à augmenter la ductilité
de quelques-uns, de la même manière
qu'on accroît leur molleſſe, c'eſt-à-dire,
en les humectant avec de l'eau ou quelque autre fluide, & c'eſt ainſi qu'on rend
l'argile plus ductile ; ou en les faiſant
chauffer, & c'eſt ainſi qu'on ajoute à la
ductilité des métaux. Par tous ces différens
moyens, on remplit les pores des corps
d'eau ou de feu, & on en change ainſi
la grandeur, la figure ou le nombre.

On donne donc aux parties des corps la propriété de s'écarter les unes des autres jusqu'à une certaine diſtance, ſans ſe déſunir entiérement, de la même manière qu'on leur donne celle de ſe rapprocher plus qu'elles n'auroient pu le faire.

La flexibilité & la duĉtilité étant la même propriété, il n'eſt pas ſurprenant que l'on accroiſſe l'une comme l'on augmente l'autre, & que, ſuivant leur nature, on chauffe certains corps, comme la cire, ou on les humeĉte avec de l'eau ou de l'huile, comme le bois, pour ajouter à leur flexibilité.

La propriété qui rend les corps flexibles, ne doit cependant pas être abſolument la même que celle qui les rend duĉtiles ; du moins, elle doit être telle que dans quelques corps elle puiſſe voir une partie de ſes effets arrêtés, je veux dire qu'elle puiſſe rendre les corps flexibles ſans les rendre en même temps ductiles, & de même leur donner la duĉtilité, ſans qu'ils puiſſent jouir de la flexibilité. En effet, pluſieurs corps tels que le verre, ſont flexibles ſans être duĉtiles, du moins bien ſenſiblement ; & pluſieurs autres ſont duĉtiles ſans être flexibles. La

flexibilité exige peut-être dans les molécules des corps une certaine groffeur
ou une certaine figure, ou, pour mieux
dire, une certaine cohérence ; & la ductilité demande une cohérence un peu
différente ; cohérences cependant qui fe
reffembleroient toujours, en ce qu'elles
permettroient aux molécules de s'éloigner un peu les unes des autres, fans
cependant fe féparer tout-à-fait, & fans
voler chacune de fon côté, comme dans
les corps durs & fragiles.

Quelquefois la ductilité eft en quelque
forte portée au plus haut point ; les molécules peuvent bien fe féparer un peu
les unes des autres, étendre le corps,
l'alonger & le changer en efpèce de
corde ou de fil ; mais cependant elles ne
peuvent pas s'abandonner abfolument &
fe défunir tout-à-fait, quoiqu'elles y
foient follicitées par des poids confidérables, quoiqu'on fufpende de lourdes
maffes à quelques-unes de ces molécules,
pour les entraîner en en-bas, tandis que
d'autres molécules font retenues à leur
place : la ductilité prend alors le nom
de *ténacité.*

La ténacité n'eft donc point précifément une propriété générale des corps,

puisqu’elle ne convient qu’à ceux qui font extrêmement ductiles ; mais comme cependant elle n’eft pas une propriété véritablement particulière, & comme elle convient à plufieurs efpèces de corps, elle a dû trouver ici fa place.

Lorfque les corps, après avoir été comprimés ou fléchis, reprennent d’eux-mêmes la figure qu’ils avoient perdue, ou une partie de cette figure, ils fe rétabliffent par une propriété qu’on a nommée *élafticité*. Tous les corps font élaftiques, parce que tous les corps font compreffibles, & qu’aucun ne garde, après le choc, précifément la même figure que le coup lui avoit imprimée. C’eft tout ce que nous dirons ici de l’*élafticité* : nous ne pouvons en parler davantage, qu’après avoir traité de l’attraction.

La mobilité eft encore une propriété générale des corps, ainfi qu’elle eft une propriété générale de la matière. Tout corps peut changer de place, & par conféquent eft mobile : tous les corps n’ont cependant pas le même degré de mobilité. Chaque particule de matière eft paffive, abftraction faite de la force d’attraction qu’elle peut exercer fur fes voifines; elle eft donc par elle-même in-différente au mouvement; elle a donc befoin d'être remuée pour fe mouvoir; elle exige donc un degré de force pour changer de place. Plus les corps renferment de particules de matière, c'eft-à-dire, plus ils ont de maffe, & plus ils ont befoin de degrés de force pour fe remuer, moins par conféquent ils font mobiles. D'un autre côté, les corps ne font pas également mobiles pour tel ou tel degré de mouvement; & cela par une fuite du même principe, parce que la matière eft par elle-même indifférente au mouvement ou au repos. En effet, d'après cela, il faut plus de degrés de force pour faire parcourir à la même quantité de matière un efpace double ou un efpace triple. Cette inégalité de mobilité, cette propriété par laquelle les corps exigent plus de force, en raifon de leur maffe & du chemin qu'on veut leur faire parcourir, eft ce que les phyficiens ont appelé *inertie* ou *force d'inertie*. Ils ont beaucoup agité les queftions relatives à cette force, prefque toujours fans s'entendre, en admettant les mêmes chofes, en reconnoiffant les mêmes phénomè-nes, & en ne difputant que fur les mots.

La mobilité en elle-même, n'eſt relative qu'à la maſſe & à la quantité de mouvement qu'on veut imprimer au corps ; mais, dans certaines circonſtances, elle eſt relative à la figure & au volume, comme, par exemple, lorſqu'il s'agit d'un corps qui doit traverſer quelque fluide, ou ſe mouvoir ſur quelque plan. Tel ou tel volume, telle ou telle figure peuvent rencontrer plus d'obſtacles au travers d'un fluide ; & certaine figure peut faire éprouver plus de réſiſtance le long du plan ſur lequel le corps doit s'avancer.

Tous les corps ſont par leur nature ſuſceptibles d'agir ſur tous nos ſens ; non-ſeulement ils peuvent être vus & touchés, mais encore il n'en eſt aucun qui, par ſa nature, ne ſoit capable, lorſqu'il eſt choqué, d'exciter un frémiſſement qui ébranle l'organe de l'ouïe. Il n'en eſt aucun qui ne puiſſe plus ou moins agir ſur l'organe du goût, & qui ne répande une odeur plus ou moins ſenſible : leur extrême petiteſſe, leur différence en grandeur, & non pas leur différence en eſpèce ou en nature, peut ſeule les dérober à tous nos ſens, & les empêcher d'agir ſur nos organes, de même qu'elle empêche les atômes d'être apperçus par

ces mêmes fens, & les fouftrait à toutes
leurs recherches. Il y a cependant cette
différence entre les corps & les atômes,
que, lorfque les corps font un peu gros,
ils agiffent tous fur les fens ; au lieu que,
quelque groffeur qu'euffent les atômes,
ils n'agiroient j'amais que fur quatre,
fur la vue, fur l'ouïe, fur le taĉt & fur le
goût, & ne répandroient jamais aucune
odeur. En effet, toute odeur fuppofe,
ainfi que nous le verrons plus bas, une
efpèce de décompofition, une déper-
dition de matière ; & les atômes font
inaltérables.

Etabliffons d'une manière claire les
principes que nous venons d'examiner,
& dont il eft d'autant plus important d'a-
voir une idée nete, qu'ils font la bafe de
toutes les connoiffances phyfiques.

Tous les corps font poreux, & par
conféquent pénétrables ; étendus, mais
d'une manière particulière ; figurés, mais
encore d'une manière qui leur eft propre ;
divifibles phyfiquement, jufqu'à ce qu'ils
perdent les propriétés qui les conftituent
corps ; corruptibles, fufceptibles de décompofition, pouffés les uns contre les
autres par une force quelconque, doués
de cohérence & d'adhérence. Aucun

n'eſt parfaitement dur; ils ſont tous plus ou moins mous, & plus ou moins élaſtiques : pluſieurs ſont flexibles dans certaines circonſtances, & ductiles dans d'autres : quelques-uns ſont tenaces; tous ſont mobiles.

Comparons ces propriétés avec celles des atômes. Les atômes ſont ſolides, & par conſéquent étendus, figurés, parfaitement durs, incompreſſibles, impénétrables, incorruptibles, indiviſibles, ſans élaſticité : ils ſont doués d'une force attractive, cohèrent, adhèrent & ſont mobiles.

L'attraction, & par conſéquent la cohérence & l'adhérence qui en dérivent, n'ont aucune ſource connue ni dans les corps, ni dans les atômes. Mais toutes les autres propriétés des atômes que nous avons expoſées, dépendent de leur ſolidité; & toutes celles des corps viennent auſſi de la ſolidité des atômes qu'ils renferment, à moins qu'elles n'appartiennent à ces mêmes corps d'une manière particulière, & ne ſoient leurs propriétés diſtinctives : alors elles tiennent à la poroſité.

A la vérité, la poroſité ſeule ne peut pas faire naître la ductilité, la fragilité, l'élaſticité, & toutes les autres propriétés

qui dépendent auſſi de l'attraction, &
dont nous avons vu que les atômes ne
jouiſſoient pas ; mais cela ne détruit pas
ce que nous avons avancé. Il faut diſtinguer deux qualités dans chacune de
ces propriétés : par exemple, dans la ductilité, il faut reconnoître une première
qualité par laquelle les parties du corps
ductile peuvent s'éloigner les unes des
autres, & une ſeconde, par laquelle ces
parties ne peuvent point ſe ſéparer tout-
à-fait, & ſont obligées de s'arrêter à un
certain point. Cette dernière qualité ne
tient qu'à l'attraction, mais auſſi elle n'eſt
point particulière aux corps : elle appartient également aux atômes, dans leſquels
à la vérité elle eſt ſans effet, parce qu'elle
ne peut être exercée que lorſque la première qualité l'a déja été, ainſi que cela
eſt évident : la première qualité au
contraire eſt uniquement propre aux
corps, & auſſi découle-t-elle néceſſairement de la poroſité. Il en eſt de même
des autres propriétés : elles renferment
deux qualités : la ſeconde vient à la vérité de l'attraction, mais auſſi elle eſt
commune aux atômes ; & la première,
qui ſeule eſt particulière aux corps, eſt
une ſuite de leur poroſité. On doit donc

toujours dire que les qualités diftinctives des corps viennent de leur porofité, qui modifie auffi celles qu'ils doivent à la folidité de leurs atômes.

Comme l'attraction n'eft pas effentielle aux atômes, c'eft-à-dire, comme les atômes pourroient fort bien exifter fans être pouffés les uns contre les autres par aucune force, on peut dire que fi on joint la folidité à l'étendue, on aura les atômes, & que fi on ajoute la porofité & l'attraction mutuelle des parties à la folidité, c'eft-à-dire, fi on fait naître la porofité par la réunion des atômes, & fi on leur donne la vertu attractive, on aura les corps.

Remarquons les propriétés générales communes aux corps & aux atômes : ne feront-elles pas les propriétés les plus générales de la nature, puifque tout ce qui exifte dans cette même nature phyfique, eft corps ou atôme ?

Les corps font étendus ainfi que les atômes ; ces deux efpèces font auffi figurées ; toutes les deux font mobiles ; toutes les deux font douées d'une force attractive, de la cohérence & de l'adhéfion. L'étendue, la configuration, la mobilité, l'attraction, la cohéfion & l'adhéfion, font donc les propriétés les plus générales de la nature.

Parmi les propriétés des corps, n'eſt-il pas important de diſtinguer celles qui peuvent jouir de différens degrés d'intenſité, ſuivant les ſubſtances dans leſquelles elles ſe rencontrent, & celles qui dans tous les corps ſont les mêmes en tout ?

L'étendue eſt différente dans preſque tous les corps, ainſi que la figure. Les corps peuvent être auſſi plus ou moins poreux ; &, comme leurs parties conſtituantes doivent varier en groſſeur & en figure, ne doivent-ils pas être par conféquent plus ou moins pénétrables, plus ou moins corruptibles, plus ou moins diviſibles, mous, élaſtiques, flexibles, ductiles, tenaces, mobiles ? Leurs forces d'attraction, de cohéſion & d'adhéſion, ne doivent-elles pas être auſſi plus ou moins fortes ? & ainſi toutes les propriétés générales des corps ne ſont-elles pas ſuſceptibles de plus ou de moins ? C'eſt encore ce qui diſtingue les corps d'avec les atômes, qui ſont tous également ment ſolides, également durs, également ment incompreſſibles, également cohérens, également incorruptibles, & qui ne peuvent varier qu'en vertu attractive,

en force d'adhéfion, en étendue, c'eft-
à-dire en grandeur, en figure & en mobilité.

Il faut cependant remarquer que les
corps, non plus que les atômes, n'ont
point pour propriété d'être figurés de
telle ou de telle manière, mais d'être
en général terminés, d'avoir une figure
quelconque : ainfi on ne peut pas dire
que cette propriété foit fufceptible de
plus ou de moins. On ne peut donc pas
établir, à la rigueur, que toutes les propriétés des corps font fufceptibles d'augmentation ou de diminution ; on ne peut
les regarder toutes que comme fujettes
au changement. Mais quand une de ces
qualités feroit véritablement toujours la
même, les corps ne feroient-ils pas encore diftingués des atômes, en ce qu'ils
n'auroient qu'une propriété invariable,
tandis que les atômes en ont plufieurs ?

Il nous refte à obferver quelles font
les propriétés effentielles aux corps. Ils
doivent être néceffairement poreux &
étendus, figurés, compreffibles, divifibles, pénétrables, corruptibles & mobiles ; leurs parties doivent cohérer, &
par conféquent jouir d'une vertu attractive mutuelle, ainfi qu'on s'en apper-

cevra aifément d'après tout ce que nous avons dit ; mais ils auroient pu n'être pas pouffés les uns contre les autres par une force quelconque ; ils auroient pu n'être ni flexibles, ni duﬁiles, ni tenaces, ni élaﬁiques.

C O N C L U S I O N.

Les phyficiens doivent donc regarder comme très-certain, que tous les corps font étendus, figurés, poreux, pénétrables, diviſibles, fujets aux décompoſitions, à l'altération, à la corruption, & mobiles. Ils doivent regarder en quelque forte comme très-certain, que la flexibilité, la duﬁilité & la ténacité des corps, dépendent de la force de cohéfion des molécules de ces mêmes corps, c'eft-à-dire de leur force attraﬁive, de cette force qui les tient liées, & qui les réunit lorfqu'elles n'ont été divifées que jufqu'à un certain point, & lorfqu'elles ne fe font éloignées que jufqu'à une certaine diftance. Nous verrons dans les chapitres fuivans, ce qu'ils doivent penfer relativement à cette force attraﬁive & aux différentes manières dont les corps peuvent être mobiles. Ils ne doivent plus s'occuper à confirmer les premières propriétés qui sont incontestables, mais à appercevoir en entier l'origine de l'é-lasticité, de la ductilité, de la flexibilité, & à rechercher des propriétés nouvelles dans les corps, ainsi que dans les atômes, c'est-à-dire dans la matière en général; car il ne faut pas croire que nous con-noissions toutes les faces de la matière, & qu'il ne nous en reste plus aucune à dévoiler. Et peut-être ignorons-nous la plus grande partie de ses propriétés; mais comme nos sens ne peuvent saisir les atômes, & comme presque tous les corps sont soumis à ces mêmes sens, c'est principalement vers les corps, que les physiciens me paroissent devoir tour-ner leurs recherches, comme vers la ré-gion la plus aisée à appercevoir & à re-connoître.

CHAPITRE V.

De l'Attraction.

TACHONS maintenant d'expofer cette propriété générale des corps & des atômes, qu'on a appelée attraction, que plufieurs philofophes anciens reconnurent ou foupçonnèrent, que Neuton démontra, & qui n'eft autre chofe que cette force par laquelle toutes les portions de la matière tendent à s'approcher les unes des autres; propriété admirable, la caufe de tout ordre & de toute harmonie, le lien de l'univers.

Si cette puiffance ceffoit d'exifter, la planète que nous habitons, triftement immobile, continuellement expofée aux mêmes rayons du foleil, & lui préfentant toujours la même face, n'en recevroit jamais que la même lumière & la même chaleur. Une obfcurité profonde repoferoit fans ceffe fur un côté de notre globe : défert, inanimé, couvert de glaces éternelles, il n'offriroit plus que la retraite affreufe d'un filence lugubre, & d'une fombre horreur.

L'autre côté, sans cesse tourné vers le soleil, n'en seroit pas plus heureux. Jamais la nuit ne le couvriroit de son ombre ; jamais le plus léger nuage n'amortiroit les feux de l'astre de la lumière : sans cesse consumée par des rayons ardens, sa surface brûlante ne présenteroit que des matières fondues, que d'immenses plaines de sable rougi ; & tout être vivant qui oseroit y pénétrer seroit bientôt dévoré par le feu. L'homme s'en détourneroit avec effroi : poursuivi d'un côté par les flammes, & de l'autre par le froid le plus intense, il trouveroit peut-être quelque asile vers les pôles de notre terre immobile. Il y rencontreroit peut-être quelques régions privilégiées, où une température plus douce lui permettroit encore d'être heureux. Mais quelle seroit sa félicité ? Qu'est-ce pour l'homme qu'un bonheur toujours égal, que rien ne diversifie ? Sans cesse il verroit le soleil immobile à la même hauteur, répandre autour de lui une égale clarté. Et de quels biens ne seroit-il pas privé à jamais ! Le magnifique spectacle que le ciel présente, lorsque le soleil disparoît ou qu'il revient éveiller la nature ; les charmes d'une nuit tranquille ; la beauté de cette couleur blanchâtre que la lune répand en s'élevant; le silence des forêts obfcurcies; la marche fublime des aftres; la fainte admiration, la douce mélancolie, les fentimens plus tendres qui naiffent ou fe fortifient au milieu des nuits paifibles, ces plaifirs, ces premiers plaifirs des ames fenfibles, tout cela feroit perdu pour l'homme; & les biens dont il pourroit jouir, toujours les mêmes, toujours égaux, jamais coupés par intervalles, jamais remplacés par des biens différens, cefferoient d'être des biens, & ne feroient naître que le trifte ennui & la froide fatiété.

Mais y auroit-il une contrée de notre globe où l'homme pourroit vivre? L'attraction fupprimée, les grands phénomènes de la reproduction pourroient-ils avoir lieu? Tout ne feroit-il pas défert, inanimé fur notre globe?

La terre & les autres planètes ne feroient donc que des maffes inertes de matière brute, envahies d'un côté par le froid le plus rigoureux, & de l'autre par la chaleur la plus ardente : tous les mouvemens céleftes feroient fufpendus; & l'univers feroit plongé dans un trifte & abfolu repos. Si quelque mouvement reſtoit cependant encore aux globes opaques, conſtamment emportés dans l'eſpace, ils ne ceſſeroient de s'éloigner du lieu où ils auroient perdu leur vertu attractive : tantôt expoſés aux flammes ardentes des ſoleils, ils brûleroient de leurs feux ; & tantôt ils s'enfonceroient dans les ténèbres de l'eſpace, où leur ſurface ſeroit bientôt gelée : aucun intervalle ne ſépareroit autour de ces globes les rigueurs du froid extrême, & la violence de la chaleur la plus vive. Comment la nature pourroit-elle y faire éclore les germes de ſa fécondité ?

Ces corps opaques ſe rencontrant dans leurs courſes, quels chocs violens n'éprouveroient-ils pas ? Les uns ne ſeroient-ils pas briſés en mille éclats ? Les autres ne devroient-ils pas ſe précipiter avec rapidité dans les ſoleils ? Ne ſerviroient-ils pas d'alimens à leurs flammes, ou, entraînant avec eux ces globes embrâſés, ne porteroient-ils pas au loin l'incendie & la deſtruction ? Quelle confuſion ! quel chaos ! Heureuſement, avant tous ces déſordres, l'homme auroit ceſſé d'être ; & tous ces combats, toutes ces tempêtes épouvantables n'exerceroient leurs ravages qu'au milieu d'une matière impaſſible, & de globes inanimés. Mais ces globes, mais les ſoleils, mais tous les corps qui exiſtent ne perdroient-ils pas le lien qui retient leurs parties unies ? ne ſe diſſoudroient-ils pas ? Et le même inſtant qui verroit l'attraction anéantie, ne verroit-il pas l'univers réduit à de petits grains de matière inanimée, ſemés au haſard dans l'eſpace ?

La matière étant toujours ſoumiſe à l'attraction, l'ordre perſévère, les corps céleſtes les plus gros fléchiſſent les autres autour d'eux ; les comètes, après avoir atteint l'extrémité de leur courſe, ſont obligées de deſcendre vers l'aſtre qu'elles ont enveloppé dans leurs révolutions : les planètes occupent chacune une place diſtincte, une orbite particulière ; leurs mouvemens s'exécutent ſans trouble, ſans confuſion ; l'harmonie des ſaiſons règne ſur ces planètes ; les douces températures y exercent leurs influences ; les diverſes parties en ſont fécondées ; l'homme peut y naître & s'y multiplier.

Par l'attraction, toutes les parties de l'univers ſont ſubordonnées les unes aux autres, toutes concourent à l'ordre des plus éloignées ; par cette force, l'univers forme un tout ferme immuable, & toujours

exiſtant

exiftant au même lieu, toujours occupant la même étendue, toujours préfentant les mêmes phénomènes : le mouvement eft dans fon fein ; mais c'eft un mouve-ment réglé, & non pas un défordre ; fon intérieur offre, différentes révolutions, mais fon enfemble préfente le calme & l'immobilité.

L'attraction s'étend à des diftances im-menfes ; elle eft fenfible à des millions de millions de lieues, & elle agit égale-ment à des diftances infiniment petites ; non - feulement elle réunit les différens empires folaires, non-feulement elle lie les aftres qui font féparés par un inter-tervalle infiniment grand, mais elle at-tache enfemble les plus petites parties qui concourent à former les corps : elle s'exerce fur les atômes, elle les rappro-che & les unit pour en former les pre-mières molécules ; elle agit fur celles-ci, & les joint pour en former des molécu-les plus groffes qu'elle réunit encore ; & ainfi elle compofe les différens corps de la nature.

Cette attraction par laquelle toutes les portions de la matière tendent à s'ap-procher les unes des autres, eft foumife à des lois, foit qu'elle s'exerce à de très-grandes diſtances, ſoit qu'elle agiſſe à de très-petites. Nous ne parlerons que peu ici des lois de cette propriété dans les très-grandes diſtances, c'eſt-à-dire, des lois de l'attraction des corps céleſtes : nous en traiterons dans le livre qui concernera l'aſtronomie : nous ne nous occuperons preſque ici que de cette force attractive conſidérée dans les petites diſtances, & des lois qu'elle y obſerve.

Les phyſiciens connoiſſent l'attraction lorſqu'elle agit de très-près ſous le nom d'*affinité*.

Nous avons vu la ſolidité être le caractère diſtinctif des atômes : c'eſt de cette propriété que découlent toutes les qualités qui leur ſont particulières & qui les diſtinguent des autres êtres : nous avons également vû la poroſité être l'origine de toutes les propriétés diſtinctives des corps en général : l'attraction eſt de même la ſource de toutes les propriétés qui caractériſent les eſpèces en particulier. Ce n'eſt pas que toutes les eſpèces, que par conſéquent tous les corps en général, que même tous les atômes ne poſſèdent cette propriété ; mais c'eſt qu'aucune eſpèce n'en jouit au même degré. Nous verrons dans le cours de cet ouvrage, que le plus ou moins de porosité, de dureté apparente, de mollesse, de flexibilité, d'élasticité, de couleur, de dissolubilité, de transparence, que tout ce qui peut enfin distinguer une espèce d'avec une autre, vient uniquement du plus ou moins d'affinité ou de force attractive dont jouit chaque espèce. Non-seulement donc l'attraction établit l'ordre parmi les substances déja existantes; non-seulement elle fait naître les forces qui les produisent, mais encore elle les caractérise & les distingue. Sans cette puissance, au lieu de cette merveilleuse diversité d'espèces qui se présente à nos yeux, la nature ne nous offriroit jamais qu'une seule espèce de corps, & ne nous montreroit qu'un tableau monotone, sans variété de couleurs, sans diversité d'objets, & bien différent du tableau magnifique, riant & varié à l'infini, qu'elle ne cesse de présenter.

Au reste, cette attraction peut être considérée de deux manières; on peut la voir comme une propriété inhérente à toute portion de matière, comme une force qui a été départie à chaque atôme, comme un effet général qui ne tient à aucune cause physique, & qui par con-

féquent eft lui-même une caufe générale; & on peut la regarder comme n'é-
tant dans le fond qu'une impulfion, la
confidérer comme produite par une caufe
phyfique étrangère, comme dépendante,
par exemple, d'un fluide qui tendroit à
poufler les unes contre les autres, toutes
les parties de la matière, fuivant certaines
lois. Nous ne pouvons difcuter ces deux
opinions, qu'après avoir expofé les prin-
cipaux phénomènes de l'attraction. Quoi
qu'il en foit, relativement à ces deux hy-
pothèfes, tout ce que nous allons dire
étant fondé fur des faits, n'en fera pas
moins certain. Si l'on peut difputer fur
la caufe de l'attraction, fes phénomènes
font inconteftables; on doit néceffairement reconnoître qu'elle agit fur toute
efpèce de matière, fur la plus petite portion comme fur la plus grande maffe,
qu'elle décroît comme la diftance, &c.
Les partifans des deux opinions peuvent
regarder cette force les uns comme une
attraction réelle, & les autres comme une
impulfion; mais aucun d'eux ne peut
s'empêcher d'en admettre également les
phénomènes & les lois, & ils ne peuvent
différer que par l'explication de ces phénomènes.

Voyons maintenant une partie des faits sur lesquels l'attraction est fondée.

Si l'on partage une balle de plomb d'une grandeur ordinaire; si l'on applique ensuite fortement l'une contre l'autre les deux surfaces planes des deux moitiés de cette balle, & si l'on a soin de chasser l'air & les fluides étrangers qui pourroient se trouver entre ces deux moitiés, & accroître leur distance mutuelles, elles adhéreront tellement l'une à l'autre, qu'il faudra quelquefois employer un poids de plus de quarante livres pour les séparer.

Si même la balle avoit été partagée de manière à ce que ses deux moitiés pussent s'appliquer exactement l'une sur l'autre, & s'attacher par tous leurs points, il faudroit un poids, ou, ce qui est la même chose, une force de plus de cent livres, pour les arracher l'une à l'autre.

On ne peut pas dire que la pression de l'air ou de quelque autre fluide répandu dans l'atmosphère, produise le phénomène que nous venons d'exposer. En effet, ainsi que nous le verrons dans la suite, la pression d'une colonne d'air (ou de tout autre fluide interposé entre ses molécules), aussi haute que l'atmosphère, est égale au poids d'une co-

lonne de mercure du même diamètre
que la colonne d'air, & d'une hauteur
égale à celle du mercure dans le baro-
mètre. Le mercure ne s'élève jamais à
la surface de la terre au deſſus de 29
pouces; la preſſion d'une colonne d'air,
égale en hauteur à l'atmoſphère, ne peut
donc jamais être plus forte que le poids
d'une colonne de mercure de 29 pouces
de hauteur, & d'un diamètre égal à celui
de cette même colonne d'air. D'un autre
côté, chacune des moitiés de la balle ne
peut être retenue contre l'autre, que
par la preſſion d'une colonne d'air ou
de quelque fluide mêlé avec l'air, auſſi
haute que l'atmoſphère, & ayant pour
diamètre celui de la balle de plomb : les
moitiés ne peuvent donc être expoſées
qu'au poids de deux colonnes de mercure de 29 pouces de hauteur, & dont le
diamètre ſeroit égal à celui de la balle ; &
ce poids n'eſt que de trois livres, & quelque choſe de plus lorſque la balle a un
demi-pouce de diamètre. Ce n'eſt donc
pas la preſſion de l'air ou d'un fluide
mêlé avec cet élément, qui retient les
deux moitiés de la balle coupée, puiſqu'il faut au moins un poids de quarante
livres pour les ſéparer.

Le docteur Defaguillers (a) a éprouvé aussi une très-grande adhérence entre deux lames de verre, dont le diamètre n'étoit que d'une ligne; & on parvint à Leyde, vers l'an 1679, à polir à un tel point deux furfaces de glace de deux pouces & un quart de diamètre, qu'après les avoir appliquées l'une contre l'autre, on fut obligé d'employer un poids de cinq cents quatre-vingt livres pour vaincre leur affinité. Ce qui doit empêcher de croire, ainsi que quelques physiciens ont voulu le dire, que cette adhérence provenoit des aspérités des corps & des petites pointes dont leurs furfaces étoient hériffées, & qui s'embarraffoient & s'engrenoient les unes dans les autres, c'eft que plus les corps font polis, moins ils ont d'aspérités, & cependant plus ils adhèrent fortement l'un contre l'autre.

M. Muschenbroeck a fait auffi fur plufieurs fubftances des expériences que je crois devoir rapporter.

Il fit conftruire des cylindres de différentes fubftances; chacun avoit de diamètre $\frac{916}{1000}$ de pouce (mefure rhénane): les furfaces par lefquelles ils devoient fe

<hr>

(a) Cours de phyfique expérimentale, tom. I.

L iv

toucher, étoient planes & polies jusqu'au brillant. M. Muschenbroeck les plongea dans de l'eau bouillante pour leur communiquer à tous une égale chaleur ; il les essuya & les enduisit sur le champ de graisse de bœuf. Il les appliqua ensuite deux à deux l'un contre l'autre, les fit mouvoir circulairement sur eux-mêmes, afin qu'il ne restât point d'air entre leurs deux surfaces, les laissa refroidir pendant un jour, & éprouva le lendemain la force avec laquelle ils adhéroient lorsqu'on vouloit les séparer perpendiculairement. La table suivante renferme les résultats de ses expériences.

	de Verre adhèrent avec une force de 130	
	de Similor 150	
	de Cuivre jaune 200	
	d'Argent 125	
	d'Acier trempé 225	
Les cylindres	de Fer mou 300	Livres.
	d'Étain 100	
	de Plomb 275	
	de Zinc 100	
	de Bismuth 150	
	de Marbre blanc 225	
	de Marbre noir 230	
	d'Ivoire 208	

A la vérité ces expériences ne paroissent pas au premier coup d'œil parfaitement concluantes ; il semble qu'on pourroit dire que toutes ces adhéfions tenoient à la force du gluten qu'on avoit employé, qui avoit pénétré dans les pores des différens cylindres, s'y étoit durci & s'étoit changé en une infinité de pointes qui les tenoient accrochés. Mais cette objection feroit bientôt détruite par l'expérience qui a appris que fi l'on emploie une couche de gluten ou de graiffe de bœuf un peu épaiffe, les cylindres n'adhèrent pas avec la même force, & qui a fait voir par conféquent que leur liaifon dépendoit de leur action mutuelle.

La force avec laquelle ces cylindres reftoient unis, ne dépendoit cependant pas en entier de leur affinité ou de la vertu du gluten. Le poids de l'air qui les preffoit, concouroit auffi à leur union ; mais ce poids n'étoit environ que de 41 livres.

M. Mufchenbroeck avertit que ces expériences ne réuffirent pas toujours d'une manière parfaitement égale, parce qu'il ne put pas toujours chauffer ou comprimer les corps également ; mais d'ailleurs, les différences qu'il put remarquer dans leurs réfultats, ne peuvent influer en rien fur la propriété dont il eft ici queftion.

M. Muſchenbroeck éprouva différens bois qui ſe touchoient par des ſurfaces planes enduites de graiſſe de bœuf, & dont l'étendue étoit de $\frac{2864}{10000}$ de pouce carré : deux morceaux de bois de frêne ne purent être ſéparés que par un poids de 162 à 192 livres. Deux morceaux de ſapin ne cédèrent qu'à un poids de 137 livres, & cette expérience réuſſit deux fois de la même manière. Deux morceaux de tilleul ne furent déſunis que par un poids de 137 livres, & l'expérience réuſſit également deux fois : & enfin, deux morceaux de chêne n'obéirent qu'à 112 liv. & cette expérience donna deux fois de ſuite le même réſultat.

M. Muſchenbroeck reconnut auſſi l'adhérence de pluſieurs cylindres d'eſpèces différentes. A la vérité il ne les éprouva ainſi, qu'après les avoir enduits de divers glutens; mais ces expériences prouvent toujours l'exiſtence de l'attraction.

Il reſte encore aux phyſiciens une belle ſuite d'expériences à faire : non-ſeulement ils devroient éprouver dans chaque eſpèce, l'adhérence que deux corps de même nature peuvent avoir enſemble, mais encore ils devroient reconnoître celle qui peut unir deux corps de nature

& d'efpèces différentes , & cela en aban-
donnant toutes les fubftances à leurs propres forces , & en ne les enduifant abfolument d'aucun gluten. Ils effaieroient,
par exemple , le marbre avec l'ivoire ,
l'argent avec le cuivre , &c. Il faudroit
qu'ils éprouvaffent ainfi prefque tous les
corps de la nature, & qu'il n'y eût aucune fubftance à laquelle fucceffivement
ils ne comparaffent toutes les autres.

On pourroit parvenir à établir cette
fuite de rapports, en employant, pour les
folides , des cylindres femblables à ceux
dont s'eft fervi M. Mufchenbroeck , ou ,
ce qui vaudroit encore mieux , en les
remplaçant par des lames très - minces
& très - étendues. Pour les fubftances liquides, on pourroit avoir recours à la
manière dont nous parlerons bientôt , &
qui ferviroit auffi pour les folides.

L'expérience fuivante faite par le docteur Taylor (a) , ne prouve pas peu l'attraction que deux liquides de la même
efpèce exercent l'un fur l'autre.

Que l'on imbibe d'eau pendant plufieurs heures un morceau de fapin d'un

---

(a) Voyez les Tranfactions philofophiques ,
n°. 368.

L vj

pouce carré de furface, & de trois ou quatre lignes d'épaiffeur, & qu'on le fuf-pende en équilibre au bras d'une balance très-fenfible, le poids d'un grain fuffira pour l'élever : que l'on remette la balance en équilibre, mais que l'on faffe toucher la furface inférieure du morceau de fapin, à celle d'une certaine quantité d'eau que l'on placera au deffous dans un vafe ; que l'on effaie alors d'élever le fapin, il ne faudra guère moins de cinquante grains pour produire cet effet.

La force attractive qui pouffe les unes contre les autres les molécules des li-queurs, eft encore prouvée par la forme fphérique que prennent toujours leurs gouttes. En effet, fi leurs parties conf-tituantes n'étoient pas toutes obligées de fe réunir le plus poffible, & de fe rap-procher toutes également, la gravité dont nous parlerons plus bas ne les obligeroit-elle pas à s'étendre au lieu de s'arrondir ? & fans leur attraction réciproque, feroient-elles ainfi contraintes à fe rapprocher éga-lement, & à fe ramaffer le plus poffible ?

A la vérité, elles ne forment pas tou-jours des fphères parfaites, par exemple, lorfqu'elles fe conglomèrent fur certains plans ; mais c'eft que leur tendance mutuelle eſt alors contrariée par l'attraction du plan ſur lequel elles repoſent, & qui les oblige, par ſon affinité, à s'applatir vers ſa ſurface, pour s'en rapprocher de plus près.

On ſoutiendra peut-être que la rondeur des gouttes des liquides vient de la preſſion d'un fluide ambiant ; & pour prévenir l'une des réponſes que je pourrois faire, on me dira que ce fluide ambiant peut paſſer aiſément au travers des récipiens dont l'intérieur eſt privé d'air, & que par conſéquent, quoique l'expérience réuſſiſſe également dans le vide, l'objection eſt également fondée.

Quand bien même on pourroit expliquer la rondeur des gouttes des liquides, par le moyen d'un fluide ambiant, comment pourroit-on, d'après cette cauſe, rendre raiſon des effets qui ſuivent quelquefois ce phénomène ?

Si l'on place aſſez près l'une de l'autre, deux de ces gouttes ſphériques, & ſi le plan qui les ſoutient ne les attire pas avec une certaine force, on les verra tendre l'une vers l'autre, s'alonger en pointe pour être plutôt rapprochées, ſe réunir, & reprendre, après leur mélange, la figure ſphérique. D'après les lois des fluides que nous examinerons dans la suite, le fluide ambiant, placé au milieu des deux gouttes, doit s'opposer avec autant de force à ce qu'elles se joignent, que le fluide ambiant extérieur peut en employer pour les réunir. Ainsi les gouttes ne doivent pas aller l'une vers l'autre.

Quand elles devroient se rapprocher, pourquoi s'alongent-elles dans le sens de la ligne le long de laquelle elles s'avancent? Le fluide qui les pousse l'une contre l'autre, ne doit-il pas les applatir dans le sens de son action? Dès-lors les gouttes, au lieu de s'alonger en pointe l'une contre l'autre, ne devroient-elles pas se présenter plutôt leur côté applati? D'ailleurs, quand elles sont réunies, pourquoi reprennent-elles la figure sphérique? Les lois des fluides n'exigent-elles pas qu'ils agissent en raison des surfaces? Dès-lors le fluide ambiant ne doit-il pas agir avec plus de force contre le côté déja applati, que contre les pointes des gouttes? & par conséquent ne doit-il pas continuer d'applatir ces deux gouttes, bien loin de leur donner la figure sphérique?

On ne peut donc point expliquer les phénomènes que nous venons d'exposer, en les rapportant à un fluide ambiant, agiſſant ſuivant les lois connues de la nature. Ils ſont donc une preuve de l'attraction mutuelle des parties des liquides : car ſi on vouloit donner la raiſon de ces phénomènes par le moyen d'un fluide particulier, dont les lois ſeroient différentes de celles des fluides connus, ce ne ſeroit plus en refuſer l'origine à l'attraction, mais diſputer ſur la nature & ſur la cauſe de cette attraction.

Lorſque les gouttes des fluides ſont poſées ſur un plan avec lequel elles ont beaucoup d'affinité, elles ne s'avancent qu'avec peine, & ne ſe réuniſſent même pas, parce que leur vertu attractive mutuelle eſt alors balancée par celle que le plan leur fait éprouver. Nous verrons, en traitant des ſubſtances liquides en particulier, les différens degrés d'affinité qu'elles peuvent avoir avec les divers corps de la nature.

MM. de Morveau, Maret & Durande (a) ont recherché les adhéſions du mercure avec les divers métaux ; ils ont fait voir que la cauſe de ces adhéſions étoit la même que celle des diſſolutions des

---

(a) Voyez les élémens de chimie, pour ſervir aux cours publics de l'académie de Dijon.

métaux par le mercure ; ils ont montré d'une manière inconteſtable que ces diſſolutions dépendoient de l'attraction, & ils ont obtenu les rapports des affinités de ces mêmes métaux & du mercure, déterminés de la manière la plus exacte, & repréſentés par des nombres. Ces Académiciens ont pour cela employé un procédé à-peu-près ſemblable à celui du docteur Taylor : ils ont mis en équilibre au bras d'une balance très-exacte, une plaque de métal, & ont fait légèrement toucher ſa ſurface inférieure à la ſurface ſupérieure d'une certaine quantité de mercure placée au deſſous dans un vaſe. Ils ont vû le poids qu'il falloit ajouter dans le baſſin oppoſé pour élever la plaque métallique : la différence des poids qu'il a fallu employer pour les divers métaux, leur a donné la différence des adhéſions de ces mêmes métaux avec le mercure. Les rapports de ces adhéſions ſe ſont trouvés les mêmes que ceux des affinités de ces mêmes métaux, & par conſéquent les mêmes que les rapports de la facilité qu'ont les ſubſtances métalliques à être diſſoutes par le mercure. Les premiers rapports étant repréſentés par des nombres, les ſeconds l'ont été auſſi, &c.

Comme pour produire les effets dont nous venons de parler, on a dû avoir recours à des poids supérieurs, à ceux dont on auroit été obligé de se servir pour élever les métaux, avant que leur surface touchât celle du mercure, non-seulement les belles expériences de MM. de Dijon donnent la différence des adhésions des métaux avec le mercure, & prouvent l'*identité* de la cause de ces adhésions avec celle des dissolutions; mais elles sont encore autant de preuves en faveur de l'attraction, ainsi que l'ont dit ces Académiciens. On ne peut pas, en effet, soutenir qu'un fluide en produise les phénomènes. Un fluide agit en raison des surfaces : toutes les plaques dont on s'est servi étoient égales; leur force d'adhésion auroit donc dû être égale, & les poids nécessaires pour les élever auroient dû l'être aussi.

On dira peut-être que les fluides doivent trouver plus de points d'appui dans les métaux plus denses, dans ceux qui offrent plus de matière, que dans ceux qui présentent une plus grande quantité de pores, & que par conséquent leur action peut-être aussi en raison de la densité des métaux sur lesquels ils exercent leurs forces ; mais on peut voir dans l'ouvrage que je viens de citer, que la différence de leurs adhéſions avec le mercure, ne ſuit point l'ordre de leurs denſités.

Nous avons dû dans ce chapitre ne traiter des affinités qu'en général, ne rien dire de particulier, qu'autant que cela a pu être néceſſaire pour l'intelligence ou la preuve des choſes générales, & renvoyer les détails particuliers, aux articles des ſubſtances qu'ils peuvent concerner.

Il ſeroit à deſirer qu'on répétât les expériences de MM. de Dijon, avec tout autre fluide que du mercure, avec de l'eau, différentes huiles, de l'eſprit de vin, &c. On devroit auſſi ſubſtituer aux métaux, toute eſpèce de ſubſtance ſolide, la réduire en plaques, en déterminer l'affinité, en peſer véritablement l'attraction. On devroit enſuite imbiber toutes ces ſubſtances de différens fluides, & préſenter alors de nouveau les plaques aux fluides avec leſquels on auroit déja déterminé leur affinité. D'ailleurs, en comparant le poids de la ſubſtance avant ſon imbibition, le poids de cette même ſubſtance, après qu'elle auroit été humectée, & le poids d'une certaine quantité du fluide dont elle auroit été péné-

trée, on pourroit ſavoir aiſément la quantité de fluide que chaque ſubſtance auroit
exigée pour ſa parfaite imbibition : on
auroit donc établi d'une manière certaine les affinités des fluides avec les
ſolides, & les attractions mutuelles des
fluides : & pour avoir les connoiſſances
qui manqueroient encore, je veux dire
pour déterminer les affinités des ſolides
les uns avec les autres, on pourroit, ainſi
que je l'ai annoncé, employer le même
moyen ; c'eſt-à-dire, on ſuſpendroit au
bras d'une balance en équilibre, une
plaque bien unie d'une ſubſtance ſolide
quelconque, on la mettroit dans le contact le plus parfait, avec une plaque très-
unie auſſi d'une autre ſubſtance, ou d'une
ſubſtance ſemblable, & on verroit le poids
qu'il faudroit employer dans le baſſin oppoſé de la balance, pour enlever la première plaque ; ou bien on ſe ſerviroit du
moyen mis en uſage par M. Muſchenbroeck. On éprouveroit ainſi un ſolide
avec tous les autres, & ſucceſſivement
on ſoumettroit toutes les ſubſtances au
même examen.

Les connoiſſances qu'on devroit à ces
différentes épreuves, jetteroient un grand
jour ſur les premiers principes de la phy-

fique, & feroient d'une bien grande utilité dans les arts, & fur-tout en chimie. J'efpère pouvoir donner la fuite de ces expériences, avant de terminer cette phyfique : plus mon ouvrage fera avancé lorfqu'elle paroîtra, & plus elle trouvera naturellement fa place, la plus grande partie des vérités qu'elle pourra nous dévoiler, étant des connoiffances de détail, & regardant plutôt les articles qui traiteront des fubftances en particulier, que ceux qui n'expofent que les propriétés générales des corps.

Si l'on fufpend différens corps avec des fils très-déliés, dans une chambre bien fermée, & fi l'on en approche diverfes fubftances à une diftance affez petite, on verra, au bout d'un certain temps, les corps fufpendus être attirés par ces dernières, & s'avancer vers leurs centres d'action, avec plus ou moins de viteffe.

M. de Morveau a fait voir que deux aiguilles d'acier flottantes fur l'eau s'attiroient avec force, quoiqu'elles fuffent féparées par une diftance affez confidérable (a). Il a vu des plaques de cuivre

---

(a) Voyez les digreffions académiques par M. de Morveau.

& d'étain de diverse figure présenter le
même phénomène. J'ai répété les expériences de M. de Morveau, avec des
plaques très-minces d'étain, de plomb,
de laiton, de fer & de fer-blanc. Les
unes de ces plaques étoient triangulaires ;
les autres carrées, les autres rondes, les
autres pentagones ; d'autres offroient une
figure bizarre : presque toutes avoient
deux ou trois lignes de diamètre. J'ai
cherché à comparer la force attractive
de ces différentes plaques ; & pour cela
j'ai opposé l'une à l'autre, 1°. des plaques d'une figure semblable, & composées du même métal ; 2°. des plaques
de figure différente, & dont le métal
étoit le même ; 3°. des plaques dont la
figure étoit semblable, mais dont le métal étoit différent ; 4°. des plaques qui dif-
féroient & par leur figure, & par le métal
qui les composoit. Je ne rapporterai pas
les résultats de mes épreuves, parce qu'il
suffit pour l'objet qui nous occupe, que
ces différentes plaques se soient attirées
avec force. D'ailleurs, pour que mes expériences pussent servir à déterminer les
différens degrés d'attraction des figures
dissemblables, ou de divers métaux les
uns sur les autres, il auroit fallu donner

une masse égale à toutes les plaques ; ce qu je n'ai point encore fait. Je remarquerai seulement cinq choses importantes : 1°. les plaques n'ont jamais manqué, en s'avançant l'une contre l'autre, de se présenter leurs parties anguleuses, comme celles qui pouvoient fendre le plus aisément le fluide qui les séparoit ; 2°. lorsqu'elles se sont rencontrées, elles ont toujours glissé les unes contre les autres, se sont mutuellement dépassées à plusieurs reprises, ont fait plusieurs petits mouvemens, & jusqu'à ce qu'elles se soient touchées par plusieurs points. Des phénomènes semblables ont été offerts aux yeux de **M.** de Morveau, par les corps métalliques qu'il a éprouvés ; 3°. lorsque deux plaques étoient déja jointes, & qu'une troisième venoit se réunir à ces deux premières, si cette troisième arrivoit avec une certaine masse & une certaine vitesse, elle choquoit assez rudement celle contre laquelle elle alloit donner, pour obliger l'autre à se séparer, lorsqu'au moins cette dernière étoit placée de manière à recevoir la secousse par communication (*a*) ;

(*a*) Ceci peut servir à expliquer les précipitations, ainsi que nous le verrons.

4°. les plaques que j'ai employées ont été attirées par les bords du vase dont je me suis servi, & qui étoit de faïence, toutes les fois qu'elles s'en sont un peu approchées; & quoique l'eau s'élevât vers ces bords qui l'attiroient aussi, elles ont volé vers ces mêmes bords avec rapidité. M. de Morveau a vû les corps qu'il a éprouvés produire des effets semblables; 5°. enfin, les plaques ont été attirées par tous les corps non métalliques que j'en ai approchés d'assez près, comme, par exemple, par des barbes de plume, de petites pierres, des morceaux de bois, de la cire d'Espagne, &c. mon doigt les obligeoit à le suivre, & les contraignoit à parcourir en différens sens la surface de l'eau sur laquelle elles nageoient.

Peut-être en se servant de plaques de diverses grandeurs & de différentes formes, pourroit-on, par l'arrangement qu'elles pourroient affecter, deviner plusieurs choses, relativement à la figure des molécules composantes des diverses substances de la nature, ou du moins des cristaux, soit naturels, soit artificiels.

Toutes les fois qu'on suspendra un corps de métal à un fil très-délié, & qu'on lui donnera un mouvement d'oscillation qui l'approchera de quelque maſſe du même métal ; bien loin que ſon mouvement ſe ralentiſſe , les arcs qu'il décrira s'accroîtront par un effet de l'attraction de la maſſe métallique , au point qu'il ira la frapper. Cette expérience eſt très-connue , & je l'ai toujours répétée avec ſuccès. Nous pourrions rapporter ici comme autant de preuves de l'attraction , les phénomènes que préſentent les tubes capillaires , & ceux qui ſont principalement obſervés en chimie , comme les diſſolutions , les combinaiſons , les précipitations , les criſtalliſations ; mais nous en traiterons dans des articles ſéparés : nous ne faiſons que les faire remarquer ici , comme autant d'effets ſur leſquels s'appuie l'attraction , pour en réunir toutes les preuves ſous un ſeul point de vue.

Expoſons maintenant les grands faits ſur leſquels l'attraction univerſelle eſt établie.

Toutes les ſubſtances que notre globe renferme , tendent toutes vers le centre de ce même globe : nous verrons à l'article de la peſanteur , qu'il n'eſt aucun corps qui ne ſoit ſoumis à cette puiſſance , & qu'elle ne peut dépendre que de l'attraction.   **La**

La figure presque sphérique de la terre, ainsi que de tous les autres corps célestes, existeroit-elle sans la force attractive qui appartient à la matière, dans quelque espace des cieux qu'elle soit placée ? Lorsque nous traiterons de l'astronomie, nous verrons en détail les grandes preuves de cette attraction que nous allons ici indiquer, & pour lesquelles on pourra consulter l'astronomie de M. de la Lande. Chacune de ces preuves, comme le dit très-bien ce célèbre astronome, suffiroit pour établir l'attraction d'une manière incontestable.

Le flux & le reflux de la mer, dont tous les phénomènes s'accordent parfaitement avec les résultats fournis par le calcul des attractions du soleil & de la lune (a).

Les inégalités du mouvement de la lune, qui ne peuvent venir que de l'attraction du soleil.

Le mouvement des planètes autour de l'astre qui nous éclaire, & qui est tel que les cubes de leur distance au

______

(a) Voyez le quatrième volume de l'Astronomie de M. de la Lande.

ſoleil, ſont toujours comme le carré du temps de leurs révolutions.

La figure elliptique de la route des comètes & des planètes autour du globe de la lumière, de celle de la lune autour de la terre, & de celle des ſatellites autour de leur planète principale.

La préceſſion des équinoxes, c'eſt-à-dire le retour des ſaiſons de la terre, avant que cette planète n'ait achevé le tour du ſoleil.

La nutation de l'axe de la terre, produite par l'attraction de la lune.

Les inégalités qu'éprouvent les mouvemens de Saturne, de Jupiter, & de toutes les planètes, tant principales que ſecondaires, dans les différentes poſitions de ces corps céleſtes.

Les inégalités prodigieuſes du mouvement de la comète de 1759, dont la dernière révolution s'eſt trouvée plus longue que la précédente de 585 jours, ainſi que le demandoit le calcul des attractions de Jupiter & de Saturne.

Les mouvemens des abſides des planètes, c'eſt-à-dire, des extrémités du grand axe de l'ellipſe qu'elles parcourent ; & particulièrement le changement de l'apogée de la lune, c'eſt-à-dire, du point de la courbe de ce corps céleste le plus éloigné de la terre.

. Le mouvement des nœuds de toutes les planètes, c'est-à-dire des points où les courbes qu'elles décrivent coupent le plan de l'écliptique ; & particulièrement le mouvement des nœuds de la lune, qui est si considérable, qu'au bout de neuf ans cette planète passe à 10 degrés ou étoiles qu'elle éclipsoit auparavant.

. L'applatissement de Jupiter & de la terre.

. Le changement de latitude & de longitude des étoiles fixes.

. La diminution de l'obliquité de l'écliptique.

L'attraction que les hautes montagnes exercent sur les corps suspendus, & qui fut remarquée par MM. Bouguer & de la Condamine ; & particulièrement la force attractive de la montagne de Chimboraço au Pérou, qui, d'après les observations que ces Académiciens firent avec beaucoup de soin en 1737, détournoit le fil à plomb de huit secondes de sa direction naturelle.

De semblables effets reconnus dans les Alpes, près du Mont Apennin & dans les Pyrénées.

M ij

Tels font, en partie, les faits fur lefquels l'attraction univerfelle eft fondée ;
tels font les grands & remarquables phénomènes qu'il faudroit combattre, ou
auxquels il faudroit affigner une caufe,
pour pouvoir renoncer à l'attraction.

Cette grande & admirable propriété
de la matière devoit être très-connue des
anciens. Anaxagore, Démocrite, Epi-
cure, admettoient une tendance générale de la matière vers des centres communs ; Grégori obferve même (*a*) que
Pythagore avoit connu la loi de l'attraction univerfelle : ce grand philofophe
l'avoit fans doute puifée chez les Egyp-
tiens, qui devoient la tenir, ainfi que la
plupart de leurs autres connoiffances,
de ce peuple plus ancien, chez qui
toutes les fciences avoient brillé du
plus grand éclat.

Parmi les modernes, Bacon traite
fouvent de l'attraction que la terre
exerce fur les corps qui tombent à fa
furface ; il l'appelle magnétique : il parle
fouvent de la force attractive de la lune
fur les eaux de la mer, & de celle du

____

(*a*) Grégori, dans la préface de fes Elémens d'Aftronomie.

foleil fur Mercure & Vénus. Il propofe même des expériences propres à établir ces attractions d'une manière certaine (a). Galilée admettoit cette force mutuelle entre la lune & la terre, & Hévélius entre le foleil & les comètes.

Copernic avoit la même idée que les anciens de l'attraction générale ; il attribuoit la rondeur des corps céleftes à la tendance de leurs parties l'une vers l'autre. Tichobraé admettoit dans le foleil une force centrale qui retenoit les planètes (b). Gilbert, phyficien Anglois, difoit, en 1600, que la terre étoit comme un grand aimant. Képler s'éleva plus haut ; il vit que l'attraction étoit univerfelle & réciproque, & que celle du foleil devoit s'étendre jufqu'à la terre. Il reconnut que fi la lune & la terre n'étoient pas en mouvement, elles s'approcheroient l'une de l'autre, & fe réuniroient à leur centre de gravité commun (c). Il dit que le foleil fait naître les inégalités du mouvement

---

(a) Bacon, inftauratio magna, lib. 2, art. 36, 45 & 48.

(b) Tichobraé, epift. aftron. p. 148.

(c) Kepler, aftronomia nova.

de la lune ; que la lune, par fon action, produit le flux & le reflux de la mer ; que les eaux de la mer s'élèveroient vers la lune, fi elles ceffoient d'être attirées par la terre ; que le foleil attire les planètes, & eft attiré par ces dernières.

Fermat s'exprima dans fes ouvrages de manière à être affez perfuadé de cette attraction univerfelle (*a*). En 1644, Roberval (*b*) attribua à toutes les parties de la matière, dont l'univers eft compofé, la propriété de tendre les unes vers les autres ; il reconnut qu'elles fe difpofoient naturellement en fphères, non pas pour céder à la vertu d'un centre, mais pour obéir à une attraction mutuelle, & pour fe mettre en équilibre les unes avec les autres. Le docteur Hoock admit pofitivement cette attraction univerfelle, & dit qu'elle devoit décroître comme la diftance ; mais il ne rechercha pas le rapport fuivant lequel fe faifoit ce décroiffement : il ne reconnut point la loi de l'attraction. Cette

---

(*a*) Varia opufc. mathem. p. 24.
(*b*) Ariftarchi Samii, de mundi fyftemate liber.

découverte étoit réservée à Neuton. Ce grand homme parut enfin, & cette loi fameuse fut dévoilée : non-seulement il démontra que l'attraction faisoit naître les grands phénomènes des cieux, mais il apperçut cette force agissant dans les plus petites distances, & produisant les phénomènes les plus insensibles.

A la vérité, Neuton paroît avoir reconnu une nouvelle loi pour cette même force, lorsqu'elle ne s'exerce que dans les petites distances. Nous examinerons cette question, sur laquelle il reste encore des choses à dire, & nous tâcherons de la résoudre entièrement : nous ne ferons pour cela que rapprocher quelques observations vers lesquelles les physiciens ne me paroissent pas avoir cherché la solution de leurs difficultés, ainsi qu'ils auroient dû le faire.

Examinons d'abord en général quelle doit être la loi de l'attraction.

Toute la matière s'attire : l'attraction est une propriété générale & universelle ; chaque particule de matière, chaque atôme est donc doué de cette propriété. Plus un corps renfermera d'atômes, plus il aura de parties qui attireront ; plus il renfermera en soi de puissances particu-

lières, plus sa force générale sera grande
& son attraction énergique. Mais plus ce
corps contiendra d'atômes, & plus il
aura de masse : l'attraction est donc en
raison de la masse, dans les différens
corps de la nature.

D'un autre côté, les atômes ne sont
pas poreux ; quelque gros qu'ils puissent être, il semble donc qu'ils ne peuvent pas renfermer un certain nombre
de parties, mais qu'ils doivent être regar-
dés comme n'étant qu'une seule particule. Cela n'est vrai qu'en apparence ;
on peut réellement les considérercomme
renfermant plusieurs parties : à la vérité,
ces parties ne sont séparées absolument
par aucun intervalle ; aucune force ne
pourra jamais les diviser ; elles demeureront unies ensemble tant que les lois de
la nature resteront les mêmes, tant que
l'univers subsistera ; mais elles n'en sont
pas moins distinctes l'une de l'autre. Lors
donc qu'un atôme est plus gros qu'un
autre atôme, on peut dire qu'il contient
un plus grand nombre de particules de
matière ; chacune de ces particules est
douée de la vertu attractive : plus donc
les atômes renferment de ces particules,
& plus ils jouissent d'une affinité énergi-

que. L'attraction est donc aussi pour les atômes, en raison de la masse : mais dans la nature, tout est corps ou atômes. L'attraction universelle est donc pour toute la matière, en raison de la masse.

Voilà la première partie de la loi de l'attraction. On a dû reconnoître cette première partie, dès qu'on a eu soupçonné la propriété à laquelle elle appartient, & qu'on a eu admis cette force comme générale, quelque foible idée qu'on en ait eue d'ailleurs. Cette première partie n'est-elle pas, en effet, une suite nécessaire de l'universalité de l'attraction ? Il n'en a pas été de même de la seconde partie de la loi que nous examinons : elle a demeuré ignorée depuis Pythagore jusqu'à Neuton, s'il est vrai que Pythagore l'ait connue ; & la troisième partie de cette même loi a dû être encore moins reconnue.

Nous verrons qu'on doit regarder l'attraction de chaque corps, comme venant du centre de ce même corps, & s'étendant de tous les côtés. Mais nous reconnoîtrons que toutes les forces qui viennent d'un centre, & se répandent en tout sens, doivent décroître comme le carré de la distance de ce même centre

M v

augmente (*a*). L'attraction eſt donc en raiſon inverſe du carré de cette même diſtance.

Neuton admit d'ailleurs cette partie de la loi de l'attraction, d'après les phénomènes céleſtes, la viteſſe des planètes & des ſatellites, & la nature de la courbe qu'ils décrivent. Cette même partie de la loi de l'attraction avoit auſſi été établie par Galilée, relativement à la deſcente des corps qui obéiſſent à leur peſanteur, qui, ainſi que nous le verrons, n'eſt qu'un effet de l'attraction de la terre.

L'attraction eſt donc en raiſon de la maſſe & en raiſon du carré de la diſtance:

(*a*) En effet, on verra qu'elles ſont en raiſon inverſe de baſes de cônes ſemblables, dont le ſommet aboutiroit au centre, & dont la hauteur exprimeroit la diſtance à ce même centre. Mais les baſes des cônes ſont directement comme le carré des hauteurs de ces mêmes cônes; les baſes qui repréſentent inverſement les forces centrales, qui ſe répandent en tout ſens, ſont donc comme le carré des lignes qui expriment la diſtance au centre, ou comme le carré de cette même diſtance. Les forces centrales qui s'étendent de tous les côtés, ſont donc en raiſon inverſe du carré de la diſtance au centre.

telles font les deux parties de la loi de l'attraction, à laquelle nous croyons qu'on doit en ajouter une troifième ; mais avant de l'expofer, établiffons le principe fuivant.

Toutes les parties d'un corps (a) jouiffent de la vertu attractive ; chacune de ces parties occupe une place diftincte ; car, à caufe de l'impénétrabilité de la matière, deux parties ne peuvent pas remplir le même efpace. Chaque partie du corps A, par exemple, attire donc le corps B vers un point différent. Le corps B ne peut pas tendre vers tous les points qui l'entraînent ; il ne peut fuivre qu'une route, il ne peut s'approcher que d'un feul point. Vers lequel s'efforcera-t-il de parvenir ? c'eft ce qu'il faut rechercher.

Suppofons que le corps A ne contienne que deux parties, la partie C & la partie D : le corps B eft précifément dans la même fituation où il feroit, fi, au lieu d'être attiré, il étoit pouffé vers ces deux parties, par une force égale à leur vertu attractive. S'il étoit ainfi pouffé, il décriroit une diagonale. Si les deux for-

______

(a) Voyez la planche première.

M vj

ces impulſives étoient égales, la diagonale ſeroit également éloignée des deux
directions latérales vers les parties C &
D; elle ſeroit la ligne B F: & ſi les puiſ-
ſances impulſives étoient inégales, elle
ſeroit plus voiſine de la direction de la
force la plus énergique. Ce ſont autant
de conſéquences néceſſaires des lois du
mouvement, que nous établirons dans la
ſuite de cet ouvrage.

Lors donc que les deux parties du
corps A jouiſſent d'une égale vertu
attractive, le corps B doit s'avancer
par une diagonale également éloignée
des directions des lignes latérales; &
aller ſe placer préciſément au milieu
des deux molécules. Si leurs vertus
ſont inégales, ſa diagonale s'approchera
de la direction de celle qui ſera la plus
énergique; la place qu'il occupera, lorſqu'il ſera parvenu à toucher le corps A,
ſera plus voiſine de la partie la plus
puiſſante, & elle en ſera d'autant plus
près, que la force de cette partie l'em-
portera ſur le pouvoir de l'autre molécule.

Si le corps A, au lieu de contenir
deux parties, en renferme trois, C D
& E, le corps B parcourra une diago-

nale entre la diagonale qu'il auroit décrite, s'il n'avoit été attiré que par les deux premières parties, & la direction de la troisième molécule, c'est-à-dire, entre la ligne B F & la ligne B E ; & cela parce qu'il se trouvera alors précisément dans le même cas que s'il étoit poussé par trois forces impulsives dans les directions B C, B D & B E.

Si la troisième partie est aussi puissante que les deux premières ensemble, la diagonale décrite par le corps B, sera précisément entre la ligne BF, ou la première diagonale, & la direction de la partie E ; elle sera la ligne BI, sinon elle sera BH ou BG, &c. suivant que les forces réunies des parties C & D l'emporteront sur l'énergie de la partie E, ou céderont à sa puissance.

Si le corps A contient quatre parties, le corps B décrira une diagonale entre la ligne qu'il auroit parcourue, s'il n'y avoit eu que trois parties attractives, & la direction de la quatrième molécule ; & ainsi de suite.

D'un autre côté, le centre de gravité des corps est précisément le point de ces corps, sur lequel ils peuvent être suspendus, de manière que leurs différentes parties foient en équilibre ; c'eft-à-dire, il eft fitué de manière, que les diverfes parties qui l'entourent jouiffent d'une égale pefanteur vers le centre de la terre, ou, ce qui eft la même chofe, poffèdent une égale vertu attractive.

Lorfqu'un corps n'eft compofé que de deux parties également attractives, fon centre de gravité eft au milieu de ces deux parties ; ce même centre fe trouve plus ou moins près de chaque molécule en particulier, fuivant qu'elles l'emportent l'une fur l'autre : enfin, nous verrons qu'il fe trouve toujours placé à l'endroit où aboutit la ligne de direction d'un corps attiré.

On peut donc regarder la vertu attractive d'un corps, comme ramaffée dans fon centre de gravité ; & on peut la confidérer ainfi, de quelque figure que le corps foit doué, parce que l'arrangement plus ou moins différent des parties, n'influe en rien fur tout ce que nous avons dit, & ne peut pas empêcher que le centre de gravité ne foit toujours placé précifément à l'endroit du corps où vient aboutir la ligne de direction d'un corps attiré.

D'après ce principe, il eft aifé de voir

que c'eſt du centre de gravité qu'on doit compter la diſtance ; & par conſé-quent toutes les fois que le corps éprouve un changement qui oblige le centre de gravité à s'approcher ou à s'éloigner, la force de la vertu attractive de ce corps augmente ou diminue, quoique le corps occupe toujours la même place, & que ſon tout, ſi je puis parler ainſi, n'ait ni avancé ni reculé.

La figure des corps ne doit-elle pas régir la poſition de leur centre de gra-vité ? Elle influe donc ſur la diſtance, & par conſéquent ſur la vertu attractive : elle eſt le troiſième terme de la loi de l'attraction (a).

Il me ſemble que cette loi doit tou-jours être prononcée avec ces trois ter-mes, de quelque eſpèce d'attraction qu'on traite, ſoit qu'il s'agiſſe de l'at-traction dans les grandes diſtances, ou de l'attraction dans les petites : à la vérité, la figure n'entre point, en quelque ſorte par elle-même, dans la loi de l'attraction ; car il n'en eſt pas des forces attractives

____

(a) Voyez dans l'Hiſtoire Naturélle, la ſeconde vue de la Nature. Voyez auſſi les Elémens de Chimie, de l'Académie de Dijon.

comme nous verrons qu'il en est des forces impulsives : mais elle doit y être comprise comme modifiant nécessairement la distance, & elle me paroît ne pas y entrer moins nécessairement que si elle en faisoit partie par elle-même.

On me dira peut-être qu'il ne faudroit pas embarrasser la loi de l'attraction de trois termes, & qu'il suffiroit de l'énoncer ainsi : *L'attraction est en raison de la masse & du carré de la distance du centre de gravité du corps attirant ;* ce qui reviendroit parfaitement au sentiment de Neuton.

Mais la figure ne se borne pas à transporter le centre de gravité ; elle fait encore, comme nous le verrons plus bas, que la distance qui sépare les corps peut s'évanouir plus ou moins dans le point de contact : ainsi il faut toujours établir la loi de l'attraction en ces termes : *L'attraction est en raison de la masse du carré de la distance & de la figure.*

Neuton ne se seroit pas borné à établir le second terme de cette loi ; & il auroit reconnu la figure pour son troisième terme, même lorsque la loi est énoncée de la manière la plus générale, s'il s'étoit plus occupé de l'attraction dans les petites diftances ; mais il ne dirigea fes calculs que fur les vertus attractives de corps très-éloignés , & dans lefquels la différence de figure étoit trop peu confidérable pour que la loi ceffât de paroître jufte , en ne renfermant que les deux premiers termes. Les corps les plus voifins l'un de l'autre, dont Neuton ait en quelque forte calculé les attractions, en comparant leurs forces avec les phénomènes, font la lune & la terre ; & ces corps céleftes font éloignés l'un de l'autre de plus de 80000 lieues , & les plus grandes inégalités de la terre ne font guère que de fept lieues, fur un diamètre de près de trois mille. Pour peu que ce grand homme fe fût plus occupé de l'attraction dans des diftances plus rapprochées, il auroit d'autant plus fait entrer la figure dans l'énoncé général de la loi de l'attraction, qu'il devoit être bien plus porté qu'un autre à n'admettre qu'une loi.

Ce n'eft pas que la figure doive n'être pas confidérée, lorfqu'il s'agit de diftances confidérables ; mais c'eft que fon influence eft bien plus fenfible dans les petites diftances.

Pour bien entendre la loi de l'attraction

& les conséquences qu'on peut en tirer, il faut de nouveau distinguer avec soin les atômes d'avec les corps, quelque petits que ces derniers puissent être.

Lorsque la distance est égale, l'attraction des atômes est en raison de leur grosseur & de leur figure ; & cela ne doit-il pas être ainsi ? L'attraction en général est en raison de la masse, de la distance & de la figure ; lorsque la distance est égale, elle est donc en raison de la masse & de la figure. D'un autre côté, il n'en est pas des atômes comme des corps : les corps peuvent jouir de plus ou de moins de masse, sans être plus ou moins gros, parce qu'ils peuvent renfermer plus ou moins de pores ; mais les atômes étant absolument solides, ne peuvent point avoir plus ou moins de masse sans être plus ou moins gros : leur grosseur équivaut donc à leur masse : l'attraction est donc pour les atômes, en raison de la grosseur, de la figure & de la distance : lorsque la distance est égale, elle est donc en raison de la figure & de la grosseur.

La grosseur & le volume sont la même chose : l'attraction est donc, pour les atômes, en raison de la figure & du volume, & en raison inverse du carré de la distance ; elle est donc en raison de la figure & du volume divisés par le carré de la distance.

La loi de l'attraction fournit des conséquences différentes, relativement aux corps, même les plus petits : ce n'est pas qu'elle ne soit toujours la même ; c'est au contraire parce qu'elle ne change jamais : en effet, une loi, pour produire toujours des conséquences semblables, ne doit-elle pas changer & varier comme les circonstances ?

Dans les corps les plus ténus, comme dans les plus gros, la loi de l'attraction est, à distance égale, en raison de la masse & de la figure. Cela n'a pas besoin de preuve, d'après ce que nous avons dit : il suit de-là que l'attraction des corps & de leurs molécules est comme la masse multipliée par la figure, & divisée par la loi de la distance.

Neuton a démontré que dans les corps sphériques, l'attraction étoit comme la masse divisée par le carré de la distance, c'est-à-dire, étoit en raison directe de la masse, & en raison inverse de la distance.

Il ne faut pas conclure de-là que dans

les corps fphériques, la figure ne doit pas entrer dans la loi de l'attraction ; mais il faut dire qu'alors elle n'apporte aucun changement dans la diftance, & qu'elle peut en ce fens être comptée pour rien.

On a rejeté l'idée que plufieurs philofophes anciens avoient de l'attraction ; ce n'étoit pas leur opinion qu'il falloit profcrire, mais le fentiment de plufieurs de ceux qui les ont traduits ou commentés : ils ont dit que l'attraction réfultoit de la forme des corps ; par forme, ils n'entendoient certainement que leur figure, & ils n'ont voulu dire autre chofe, fi ce n'eft que l'attraction étoit en raifon des figures des corps.

Il eft une chofe importante à remarquer dans les phénomènes de l'attraction, & qu'il me femble que les phyficiens n'ont point confidérée.

Si un corps attire un fecond corps infiniment petit, il ne l'entraîne jamais avec une force proportionnée au nombre des molécules qu'il peut renfermer. Lorfqu'il contient deux molécules, fon énergie n'eft pas double de la vertu qu'il auroit, s'il n'en renfermoit qu'une ; elle n'eft pas triple, lorfqu'il en contient trois, &c.

Pour le prouver, rappelons ce que nous avons dit, lorfque nous avons établi qu'on devoit regarder les attractions des corps, comme réunies dans leur centre de gravité ; & fuppofons que le corps A (a) qui attire, ne contienne que deux molécules. Le corps B ne pourra pas obéir entièrement à la force de la molécule C, parce qu'il fera en même temps attiré par la molécule D : il décrira une diagonale femblable à celle qu'il parcourroit, s'il étoit pouffé vers ces molécules, par deux forces impulfives égales à leur vertu attractive.

On peut eftimer la force avec laquelle un corps eft entraîné, par l'effet que l'attraction produit, par la maffe qu'elle remue, par le temps pendant lequel le corps attiré fe meut, & par l'efpace qu'il parcourt. La maffe du corps B eft égale, foit que le corps A ait une ou deux molécules. Le temps, pendant lequel il fe meut, eft à la vérité une fois plus court, lorfque le corps A renferme deux molécules : en effet, les corps parcourent leurs diagonales, précifément dans le même temps qu'ils auroient décrit un

____

(a) Voyez la planche deuxième.

des côtés du parallélogramme, auquel
la diagonale appartient. La diagonale que
le corps B parcourroit, s'il n'étoit pas
arrêté par la rencontre du corps A, est
la ligne entière B E., ainsi que cela est
évident ; la ligne B F est la moitié de
cette diagonale : le corps doit donc employer à la décrire un temps moins long
de la moitié que celui qu'il auroit mis à
parcourir un côté ; le corps B se meut
donc dans un temps une fois plus court.

Mais il s'en faut bien que l'espace parcouru soit double, ainsi que cela seroit
encore nécessaire ; il n'est pas même
égal à celui le long duquel le corps B se
feroit avancé. En effet, les lignes B I,
B F & I F, forment un triangle rectangle, dont le côté B I est le côté de
l'hypothénuse ; & le côté de l'hypothénuse, ainsi que tous les géomètres le
favent, est toujours plus grand que chacun des autres côtés. Le corps A n'entraîne donc pas un corps infiniment petit, avec une force double, lorsqu'il
renferme deux molécules.

Lorsque le corps attirant contient trois
molécules, ou quatre, &c. on peut dire
avec encore plus de raison, que la force
exercée ne peut jamais être proportion-

née au nombre des molécules, puifqu'alors il faudroit qu'elle fût triple, quadruple, quintuple, &c. ce qui ne peut pas être, puifqu'elle ne peut pas même être double dans aucun cas.

En effet, dans toutes les fuppofitions, il feroit néceffaire que l'efpace parcouru par le corps fût triple, quadruple du côté qu'il auroit décrit, s'il n'avoit été entraîné que par une feule molécule ; & cet efpace ne pourra jamais même être double, puifqu'il appartiendra toujours à un triangle rectangle, dont l'hypoténufe exprimera le côté que le corps auroit parcouru pour obéir à une feule molécule.

Dans les preuves que nous venons de donner, nous avons fuppofé les molécules égales : on s'appercevra aifément que ces preuves ne perdront rien de leur force, lorfqu'on fuppofera les molécules inégales. Par exemple, le corps qui ne contient qu'une molécule, & qui en obtient une feconde inégale, en acquiert une plus groffe ou une plus petite. S'il en obtient une plus groffe, on peut le confidérer comme acquérant une ou deux ou trois molécules femblables à celle qu'il poffédoit déja ; & s'il en obtient une plus petite, on peut imaginer qu'au lieu d'une feule, il en renfermoit auparavant deux ou trois ou quatre, femblables à celle qu'il acquiert. Il eſt aiſé de voir qu'on peut faire un raiſonnement analogue, quelque nombre de molécules que renferme le corps qui en acquiert de nouvelles.

Le corps A (*a*) qui n'avoit pas pu vaincre la réſiſtance du corps B, lorſque ce dernier étoit infiniment petit, & ne contenoit en quelque forte qu'une molécule, ſurmontera ſon effort & le fera mouvoir, lorſque ce même corps B renfermera pluſieurs parties : en voici la raiſon.

Lorſque le corps B ne préſente en quelque forte qu'une feule molécule, les directions des forces attractives des différentes parties du corps A ſe dirigent ſur un feul point ; elles partent cependant de points très-diſtincts, & même quelquefois aſſez éloignés les uns des autres : elles doivent donc former un angle à l'endroit de leur jonction, tendre à ſe croiſer, être en partie oppoſées l'une à l'autre, & par conſé-

---

(*a*) Voyez la planche troiſième.

quent

quent avoir une partie de leur énergie détruite, ainsi que nous le démontrerons à l'article du mouvement ; au lieu que lorsque le corps B renferme plusieurs molécules, & présente une masse considérable, les forces attractives du corps A se dirigent sur plusieurs points du corps B : plusieurs de ces forces doivent être presque parallèles les unes relativement aux autres, & par conséquent ne se détruisent presque en rien. Il résulte de cette preuve, que l'avantage d'une grande masse se fait d'autant plus sentir, lorsqu'il s'agit d'attirer un corps, que ce corps qu'on veut faire avancer renferme plus de parties.

Il suit des différens principes que nous avons établis, que lorsque deux corps, d'un égal volume, ont à une même distance une attraction égale ; si en même temps leur poids est égal, & par conséquent si on doit supposer dans tous les deux une masse égale, on pourra conclure que les molécules composantes de ces corps ont une figure semblable. Lorsque les effets se ressemblent, les forces qui les produisent doivent être les mêmes ; mais lorsque deux forces égales ne contiennent chacune que trois parties,

& que la première & la seconde partie
d'une de ces puissances sont semblables à
la première & à la seconde partie de l'autre puissance, les troisièmes parties ne
doivent-elles pas être égales ?

On peut de même conclure une égale
porosité dans les deux corps ; car, lorsque deux corps ont un égal volume,
pendant que leurs molécules ont la même
masse & la même figure, elles doivent
laisser les mêmes intervalles & former le
même nombre de vides.

Nous avons déja dit que la figure agit
relativement à l'attraction, comme élément de la distance, & comme modifiant
cette dernière ; elle doit agir encore
comme élément de la masse, relativement à la matière non poreuse ou aux
atômes.

En effet, il doit arriver souvent qu'un
atôme ne puisse pas voir changer sa figure, sans que sa grosseur n'augmente ou
ne diminue ; mais dans une substance qui
ne renferme point de pores, la grosseur
& la masse ne sont qu'une même chose.

Examinons maintenant de nouveau la
loi générale de l'attraction, telle que
nous avons cru qu'elle devoit être établie ; & voyons de plus près si elle peut

convenir aux petites diſtances. Elle s'y rapporte pour ce qui eſt de la maſſe & de la figure ; mais peut-elle leur appartenir pour ce qui eſt du rapport de la diſtance ? Lorſque l'attraction eſt exercée de très-près, eſt-elle toujours en raiſon inverſe du carré de la diſtance, ou dans une raiſon plus forte, dans la raiſon du cube, &c. ainſi que Neuton a cru devoir le penſer ?

Voici le fonds des preuves que Neuton donne de ſon opinion. Lorſque la diſtance s'évanouit, c'eſt-à-dire, lorſque les corps qui s'attirent ſont parvenus à ſe toucher, la force qu'ils exercent les uns ſur les autres eſt infinie, c'eſt-à-dire, n'a point de proportion avec celle dont ils jouiſſoient auparavant. Neuton a démon-tré géométriquement que ſi l'attraction croiſſoit en raiſon inverſe du carré de la diſtance, la force attractive au point de contact, ſeroit à la vérité ſupérieure à la force attractive exercée à une très-petite diſtance, mais auroit une propor-tion quelconque avec cette vertu, & par conſéquent ne ſeroit pas infinie relativement à cette force. D'un autre côté, il a démontré géométriquement auſſi que ſi l'attraction décroiſſoit en rai-ſon du cube, ou dans une raiſon plus forte que celle du carré, cette force au point de contact n'auroit aucune proportion avec cette même force exercée à la plus petite distance, & par conséquent seroit infinie. Ce furent ces deux démonstrations qui l'engagèrent à adopter la loi du cube, ou une loi plus forte que celle du carré, pour les attractions dans les petites distances, malgré le penchant que son grand génie devoit lui donner à n'admettre qu'une seule loi, & à ne reconnoître qu'une force entièrement semblable, agissant dans les petites comme dans les grandes distances.

Je n'examinerai pas ici si la première démonstration de Neuton découle d'une parité bien exacte entre la force de l'attraction & la figure géométrique, dont les propriétés lui ont donné ce qu'il cherchoit ; s'il a eu tort de dire qu'avec la loi du carré l'attraction ne pouvoit pas être infinie au point de contact ; & si de bonnes raisons ne prouvent pas le contraire (*a*) : mais je vais tâcher de faire voir que, dans les petites distances, lorsqu'il s'agit de l'affinité de petits corps,

____

(*a*) Voyez dans l'Histoire Naturelle, l'introduction à l'Histoire des Minéraux.

l'attraction en elle-même croît toujours en raison inverse du carré de la distance, mais que cependant les corps sont attirés suivant une raison plus forte de cette même distance. Par là, on ne sera contredit en rien par la démonstration de Neuton, qui prouve que les corps attirés suivant le carré, ne peuvent pas avoir une affinité infinie au point de contact; & on aura conservé à l'attraction, à cette grande & belle force de la nature, toute son élévation & toute sa simplicité.

On m'arrêtera peut-être ici, & on me dira que nous allons prendre une peine superflue; qu'en admettant la figure pour troisième terme de la loi de l'attraction, on explique comment le carré de la distance entre toujours dans cette loi, & comment cependant les corps sont attirés suivant une raison plus forte que celle du carré.

A la vérité, en admettant l'influence de la figure, on comprendra comment deux corps, dont la figure est différente, attirent les substances qui se présentent, suivant des rapports de la distance, différens l'un de l'autre; mais il est impossible de voir comment un corps unique, ou, ce qui eſt la même choſe, comment des corps dont la figure eſt ſemblable, entraînent les ſubſtances ſuivant un rapport plus conſidérable que celui du carré de cette même diſtance ; c'eſt-à-dire, on ne voit pas pourquoi un corps B eſt attiré à quatre pieds du corps A avec une force comme quatre, & pourquoi à deux pieds du même corps A, au lieu d'être contraint de s'avancer avec une force comme ſeize, c'eſt-à-dire en raiſon inverſe du carré, il obéit à une force plus conſidérable. Ces phénomènes, qu'on ne peut pas expliquer par la figure des corps, ſont cependant des ſuites néceſſaires de la démonſtration de Neuton, & d'ailleurs ils ſont prouvés par l'expérience : pourſuivons donc notre route.

Les petits corps ne jouiſſent pas d'une vertu attractive bien énergique ; leur force ne peut donc pas s'étendre d'une manière bien ſenſible à une grande diſtance (*a*). Pour peu donc qu'ils renferment de parties, la vertu des molécules qui regardent le corps attiré, doit s'avancer vers ce même corps à une diſtance plus conſidérable que la vertu des molé

(*a*) Voyez la planche quatrième.

cules placées du côté oppofé. Par exemple, dans le corps A, la partie D ne doit porter fon influence que jufques au point F, tandis que la partie C l'étend jufques au point E. Au lieu de deux parties on peut en imaginer plufieurs, telles que G, H, I, &c. qui étendront leurs vertus jufques aux points K, L, M, &c. On peut donc concevoir dans le corps A plufieurs centres de gravité, ou pour mieux dire plufieurs centres d'action, relativement au corps qui fera attiré.

Maintenant, que le corps B fe préfente; dès qu'il fera parvenu au point E, il fera foumis à l'influence du centre de gravité le plus voifin; il s'avancera en raifon inverfe du carré de la diftance, d'après la loi générale de l'attraction, que rien ne doit troubler. Arrivé au point F, il rencontrera pour ainfi dire la force attractive du fecond centre ou de la molécule D; il s'avancera donc en raifon du carré de la diftance du premier centre, & du carré de la diftance du fecond; car qu'eft-ce qui pourroit empêcher le corps B d'être entièrement foumis aux lois générales de l'attraction, relativement à ce fecond centre d'action? Parvenu au point K, il fe trouvera foumis à un troifième centre , & s’avancera en raifon du carré de la diftance du premier , du carré de la diftance du fecond , & du carré de la diftance du troifième ; & comme , jufqu’au point de contact, il doit éprouver l’influence de plufieurs centres de gravité , qui développeront fucceffivement leur action , ne s’avancera-t-il pas fuivant une raifon plus forte de beaucoup que celle du carré ? D’après cela , fon attraction au point de contact ne peut-elle pas être infinie , ainfi que l’expérience l’attefte ?

L’attraction fuit cependant toujours la loi du carré de la diftance. Le corps B n’obéit à une autre loi qu’en apparence ; & il ne s’avance fuivant une raifon plus forte que celle du carré , que parce qu’il fe trouve expofé fucceffivement à des maffes nouvelles.

Nous avons vu que l’attraction des petits corps ne s’étendoit pas bien loin : ce n’eft pas que l’attraction , foit qu’elle appartienne à de grands corps , ou foit que de petits corps l’exercent, s’anéantiffe à la fin d’un certain efpace , & qu’il y ait un point en-deçà duquel elle exifte , & au-delà duquel elle foit éteinte : ce qui ne décroît que fuivant une raifon

donnée, doit, en effet, s'étendre à l'infini ; mais on pourroit affigner des
points en-deçà defquels l'attraction eft
fenfible, & au-delà defquels elle ceffe
de l'être.

Neuton a penfé qu'à un certain éloignement l'attraction fe changeoit en
répulfion. Avant de difcuter cette opinion, voyons ce qu'on doit entendre par
une force de répulfion.

Des phyficiens ont vu plufieurs phénomènes préfenter l'image d'une répulfion : ils ont imaginé que cette force
exiftoit dans la nature ; ils ont même été
plus loin, ils ont fait de la répulfion une
propriété de la matière, qui devoit s'exercer dans certaines circonftances, l'emporter quelquefois fur l'attraction, &
quelquefois céder à fon pouvoir.

L'idée de la répulfion ne renferme à
la vérité rien qui puiffe empêcher de la
regarder comme une propriété de la
matière : il n'en coûte pas plus à l'efprit
pour concevoir que toutes les molécules de la matière fe repouffent, que pour
appercevoir que toutes ces mêmes molécules s'attirent mutuellement : mais
l'attraction doit être néceffairement reconnue pour une propriété générale de la

matière. Dès-lors la répulsion ne peut plus être admise comme une des propriétés de cette même matière : elle ne peut pas en être regardée comme une propriété générale, puisque dès-lors l'attraction n'appartiendroit pas à toute matière; & on ne peut pas dire qu'une force est une propriété de la matière, si elle ne convient pas à toute matière dans tous les momens, dans toutes les circonstances, si enfin elle n'en est pas une propriété générale.

La répulsion n'est donc pas une propriété de la matière ; elle ne peut être qu'une propriété de quelques substances particulières, qu'une suite de quelque impulsion, qu'un effet mécanique propre à certains corps : nous nous en occuperons particulièrement en traitant du feu.

Maintenant, voyons si Neuton a eu raison de dire que l'attraction devoit quelquefois se changer en répulsion. On ne peut pas regarder la répulsion comme une propriété de la matière, ni dire qu'à une certaine distance l'attraction se convertit en une propriété opposée, ou lui fait place. On ne peut pas penser non plus que dans quelques sub-

ftances, & lorfque la diftance eft devenue un peu confidérable , l'attraction
ceffe de s'oppofer à cette efpèce d'impulfion, à cet effet mécanique que l'on a
nommé répulfion ; & que le corps A,
par exemple, au lieu d'attirer le corps B,
le repouffe lorfqu'il en eft féparé par
une certaine diftance. Quelle que foit la
caufe de la répulfion dans les fubftances particulières , cet effet mécanique
doit diminuer à mefure qu'on s'éloigne
du corps qui repouffe : non-feulement
il décroît en raifon de la diftance ; mais
même, comme il dépend d'une force qui
part d'un centre, il doit s'affoiblir au
moins fuivant la loi du carré de cette
même diftance. La répulfion diminue
donc au moins auffi vîte que l'attraction. D'un autre côté , elle doit être en
foi moins énergique que l'attraction
dans les corps dont Neuton a voulu
parler , puifque ces corps attirent & ne
repouffent pas les fubftances qui fe préfentent à une petite diftance de leur
centre , & que par conféquent elle a
cédé à l'attraction dans le moment où
elle étoit le plus près du centre , & où
par conféquent elle jouiffoit de fa plus
grande énergie. Comment donc pour-

roit-elle durer encore lorsque l'attraction est éteinte, puisque dans son origine elle étoit plus foible, & qu'elle a diminué avec la même vitesse ? On ne peut donc dire en aucun sens que l'attraction se change en répulsion.

Comment expliquer cependant les phénomènes qui ont induit Neuton, & d'autres physiciens, à le penser ? Très-aisément.

S'il n'existoit que deux corps dans l'univers, ces deux corps ne se repousseroient jamais, & ne paroîtroient jamais se repousser ; mais en supposant plusieurs substances, on peut voir sans peine, non pas comment deux corps qui se sont attirés se repoussent, mais comment à une certaine distance ils peuvent paroître se repousser après s'être attirés ; & cela suffit pour donner la raison des faits sur lesquels Neuton s'étoit fondé.

Qu'on suppose le corps A, le corps B & le corps C, tous les trois parfaitement égaux, & toujours placés sur la même ligne : si on met le corps B à la distance d'un demi-pouce du corps A, & à un pouce & demi du corps C, il sera attiré par le premier : si on le place à trois quarts de pouce, il sera encore attiré ;

mais fi on ne le place qu'à un pouce un quart du corps A , & qu'il ne fe trouve qu'à trois quarts de pouce du corps C , il fera attiré par le corps C , s'avancera vers fon centre , & s'éloignera du corps A dont il s'étoit approché jufqu'alors. Le corps A ne le repouffera cependant pas réellement ; il ne ceffera pas de l'attirer , mais il l'attirera trop foiblement pour l'empêcher d'obéir à l'action du corps B , & pour ne pas le repouffer en apparence.

Il eft donc facile de voir comment deux corps peuvent paroître fe repouffer ; & par conféquent on peut expliquer aifément les phénomènes qui engagèrent Neuton & d'autres phyficiens à dire que l'attraction fe changeoit en répulfion.

On ne doit donc pas admettre la répulfion comme une propriété générale ni particulière de la matière : tous les phénomènes qui paroiffent être produits par cette prétendue qualité , découlent d'une impulfion particulière à certains corps , ou dépendent de l'attraction d'une fubftance dont l'action eft oppofée à l'affinité du corps qui paroît repouffer.

On a reconnu que l'attraction étoit en proportion plus énergique dans les petits corps que dans les grands : je ne puis mieux faire que de rapporter l'explication qu'on a donnée de ce phénomène (*a*). Il est rare que dans les petits corps toutes les parties ne puissent pas agir sur la substance qui est attirée, au moins lorsque cette substance est voisine du point de contact ; au lieu que dans les grands corps les parties qui ne sont pas tournées vers la substance entraînée sont quelquefois trop éloignées de cette substance pour l'attirer, même lorsqu'elle est parvenue au point de contact : ainsi, dans les petits corps, il est rare que toute la masse n'attire pas, au moins lorsque la substance a atteint ce même point de contact ; tandis que dans les grands elle n'attire pas en entier, même lorsque les corps se touchent. Voilà pourquoi il est avantageux de diviser un corps pour augmenter sa force attractive, ou pour mieux dire, afin que sa vertu puisse être exercée en entier ; par-là aucune partie de la masse n'est perdue pour l'attraction.

Ce n'est pas par cette seule raison que la division augmente la vertu attractive

---

(*a*) Voyez dans l'Encyclopédie l'art. *Attraction*, par M. d'Alembert.

des corps ; elle l'accroît encore par une suite d'un principe que j'ai établi dans mon *Essai sur l'Électricité*, & qu'il est important de rapporter ici.

Toutes les fois qu'un corps voit augmenter l'étendue des surfaces qu'il présente, sa masse restant la même, il voit accroître son pouvoir attractif sur les substances qui peuvent l'environner en entier, telles que des substances fluides.

En effet, lorsque la surface d'un corps est augmentée, ou le corps est divisé en plusieurs petites parties, ou il éprouve un changement de figure. Dans le premier cas, n'est-il pas évident qu'un fluide qui l'environnera sera bien plus près du centre de gravité, c'est-à-dire, du point d'où l'on commence à compter la distance ? Ce centre de gravité ne doit-il pas être plus près de la surface, c'est-à-dire du point auquel le fluide environnant peut parvenir dans les parties divisées, que dans le tout qu'elles formoient ? L'attraction du corps est donc alors en raison inverse d'une distance moins considérable ; elle est donc plus forte.

Si le corps a changé de figure, lorsque sa surface a été augmentée, on peut le concevoir comme coupé en une infinité de petites parties ; & on peut le confidérer ainfi divifé, avant & après fon changement. En l'examinant après fon altération, on verra fans peine, quelque figure qu'ait reçue le corps, que la diftance moyenne du centre de gravité de fes différentes parties à la furface correfpondante du corps, eft bien moindre que fi on le confidère ainfi coupé avant fon changement. Après l'altération de la figure du corps, la force attractive eft donc en raifon inverfe d'une plus petite diftance ; elle eft donc plus confidérable.

Par exemple (a), que l'on fuppofe le corps A divifé en une infinité de petites parties ; qu'on altère enfuite fa figure de manière à ce qu'il préfente une plus grande furface ; qu'on l'alonge, qu'il devienne le corps N, & qu'on le conçoive de nouveau comme divifé en une infinité de petites parties ; le centre de gravité de chacune de ces petites parties fera bien plus près de la furface du corps dans la feconde fuppofition que dans la première, c'eft-à-dire dans ce qui eft défigné

______

(a) Voyez la planche quatrième.

par la lettre N que dans ce qui eſt indiqué par la lettre A.

On verra aiſément qu'il en auroit été de même, quelque altération qu'on eût ſuppoſée dans le corps A ; & qu'on remarquera les mêmes choſes, quelque ſubſtance que préſente ce même corps A.

Toutes les fois donc que la ſurface d'un corps a été augmentée, la maſſe reſtant la même, l'attraction de ce corps ſur les fluides environnans a été accrue. On doit donc regarder comme un principe certain, que la figure qui donne la ſurface la plus étendue à un corps grand ou petit, à une molécule ou à un atôme, eſt auſſi celle qui lui donne le plus de force attractive.

Il faut cependant ajouter une modification à ce principe ; c'eſt qu'il n'eſt vrai qu'autant que cette même figure n'oppoſe d'ailleurs qu'un égal obſtacle au contact du corps & des fluides environnans ; car cet obſtacle pourroit être aſſez grand pour détruire l'avantage qui réſulteroit de l'augmentation de ſurface, produite par cette même figure.

Ce principe pourra ſervir à dévoiler la figure des parties conſtituantes des corps, & nous en verrons découler dans le cours de cet ouvrage l'explication d'un grand nombre de phénomènes.

Tâchons maintenant de découvrir la caufe d'une des propriétés de la matière dont nous avons déja parlé, mais dont nous avons dû faire précéder l'explication par ce que nous venons de dire.

L'élafticité, ainfi que nous l'avons dit, eft cette propriété des corps, par le moyen de laquelle, après avoir été comprimés, dans quelque fens que ce foit, ils reprennent la figure qu'ils avoient perdue, & fe rétabliffent dans leur premier état (a). Qu'un corps foit plié ou qu'il foit comprimé, il éprouve le même effet & préfente le même phénomène. A la vérité, lorfqu'un corps eft plié, le pli qui fe forme eft unique, traverfe toute l'épaiffeur du corps, & l'angle qui eft produit repofe fon fommet extérieur fur une furface, & fon fommet intérieur fur la furface oppofée ; au lieu que lorfque la compreffion n'agit que fur un côté d'une fubftance, elle confifte dans un pli qui ne parvient dans le corps que

______

(a) Nous ne pouvons pas parler encore des phénomènes qui fuivent le rétabliffement du reffort.

jufqu'à une certaine profondeur, & elle forme un angle dont le fommet eft fitué dans l'intérieur de ce même corps. Lorfqu'elle a lieu de deux côtés, elle fait naître deux plis faits en fens contraire ; elle produit deux angles, dont les fommets oppofés font tous les deux placés dans l'intérieur ; & lorfqu'elle attaque trois côtés, elle forme trois plis, trois angles, qui tendent plus ou moins à fe rencontrer par leurs fommets dans l'intérieur du corps, &c. (*a*) Mais ces différences n'empêchent pas que de part & d'autre les phénomènes ne foient les mêmes pour le fonds ; ils ne varient que pour la place où on les remarque, & ils ne diffèrent que par la manière dont ils font produits. Dans la compreffion, on forme l'angle en pouffant les parties du milieu, celles des extrémités reftant en quelque forte à la même place ; & dans le pliage, celles du milieu font en quelque forte immobiles, tandis qu'on tire un peu, qu'on pouffe l'une contre l'autre, & qu'on cherche directement à rapprocher les parties des extrémités.

En faifant donc voir comment un

(*a*) Voyez la planche cinquième.

corps qui a été plié reprend son premier état, on montre comment ceux qui sont comprimés reprennent le leur; & comme les phénomènes que présentent les corps pliés & les corps comprimés, lorsqu'ils se rétablissent, composent tous les phénomènes de l'élasticité; on dévoile donc tous les phénomènes de l'élasticité, ou, ce qui est la même chose, tous les effets du ressort des corps, en expliquant comment un corps qui a été plié se rétablit dans sa première situation.

Lorsqu'on plie un corps; lorsque, par exemple, on plie un bâton de bois, que fait-on? on écarte les unes des autres les parties du sommet extérieur de l'angle qu'on cherche à former (*a*). Si on les sépare à une très-grande distance, elles ne sont plus retenues par aucun lien & le bâton se rompt. Si on ne les écarte qu'un peu, & si les molécules du bâton sont douées d'une telle figure & d'une telle masse, que leur attraction ne parvienne qu'à une très-petite distance, le bâton n'est presque pas élastique; & lorsqu'on cesse d'agir sur ses parties, elles

---

(*a*) Voyez dans l'Histoire Naturelle la seconde vue de la Nature.

restent à peu près à la même place à laquelle on les a portées, & le bâton demeure plié. Mais si l'affinité des molécules du bâton s'étend à une distance plus considérable, si elle peut atteindre au point jusques auquel les parties ont été séparées, & y agir avec une certaine énergie, le bâton jouit de l'élasticité : les parties divisées, dès qu'elles ne font plus contraintes par une force extérieure, revolent avec rapidité l'une contre l'autre ; elles se rejoignent : les intervalles qui avoient été formés s'oblitèrent, & le bâton reprend sa première figure.

Il est aisé de voir, d'après cette explication de l'élasticité, que, suivant que les parties d'un corps jouissent d'une plus grande ou d'une plus petite affinité, elles doivent s'attirer à de plus grandes distances, & revoler l'une vers l'autre avec plus de rapidité. Ne doit-on pas voir, avec la même facilité, comment on peut rendre raison des différens degrés d'élasticité dont les corps peuvent jouir ?

Le plus ou le moins d'attraction des molécules n'est pas la seule cause qui influe sur l'élasticité ; cette dernière propriété est encore maîtrisée par le plus ou moins de frottement que les parties du corps élaſtique peuvent éprouver les unes contre les autres. Ces molécules peuvent avoir une telle maſſe & une telle figure, qu'elles ſe touchent par un plus grand nombre de points, ſe preſſent avec plus de facilité, ſoient arrêtées par plus de poin-tes, s'engrènent dans plus de cavités ; & ces plus ou moins d'obſtacles ne doivent-ils pas influer ſur l'élaſticité, en retardant plus ou moins les parties qui doivent vo-ler l'une contre l'autre ? Toutes les par-ties n'éprouvent pas, en effet, une égale ſéparation lorſqu'on plie le corps ; celles qui ſont placées au ſommet de l'angle ſont plus déſunies que celles qui en ſont plus éloignées. La viteſſe des molécules doit donc être inégale : c'eſt donc comme ſi quelques-unes étoient en repos pen-dant que d'autres ſe mouveroient ; elles doivent donc éprouver des frottemens les unes contre les autres. Les différens degrés de l'élaſticité des corps dépen-dent donc, non-ſeulement de l'affinité mutuelle des parties de ces mêmes corps, mais encore du frottement qu'elles peu-vent ſubir.

Un phyſicien célèbre a écrit que l'élaſ-ticité des corps étoit en raiſon de leur denſité, ou de la denſité de leurs parties,

Cela seroit vrai si l'affinité des parties ne dépendoit, à distance égale, que de la densité ou de la masse de ces mêmes parties ; mais, comme elle tient aussi à leur figure, il peut se faire que cette affinité soit très-forte, lorsque la densité est peu considérable : l'élasticité est cependant en raison de l'affinité : elle peut donc être très-puissante, lorsque la densité est petite : elle n'est donc pas en raison de la densité.

D'ailleurs, cette assertion est entièrement contraire à l'expérience ; & parmi mille autres exemples, le verre n'est-il pas plus élastique , & cependant bien moins dense que plusieurs métaux ?

La proposition que nous combattons n'est vraie que dans les corps où d'ailleurs tout est égal, où, par exemple, la figure des parties est semblable ; il est très-sûr qu'alors la densité régit l'attraction des parties , & que par conséquent elle doit régler l'élasticité.

Quelques physiciens ont essayé d'expliquer l'élasticité des corps, par le moyen de l'air qui les environne. Indépendamment d'autes raisons, l'expérience est absolument contraire à leur opinion ; plusieurs physiciens célèbres , tels que

Derham, Hauxbée, Boyle, Muſchenbroeck, &c. ont éprouvé que le reſ-
fort des corps ſe rétabliſſoit dans le vide
préciſément au même point.

Je prouvai la même vérité par l'expérience ſuivante : je pris deux petites
boules d'ivoire ; je les ſuſpendis l'une
contre l'autre, & les plaçai ainſi arran-
gées au devant d'un petit demi-cercle
gradué ; j'éloignai une boule de l'autre,
juſques à ce que le fil auquel elle étoit
attachée parvînt vers le quarante-cinquième degré : je la laiſſai retomber : elle
alla choquer la ſeconde boule ; &, par
le moyen de ſon élaſticité, elle remonta
à un degré que je marquai. Je levai de
nouveau cette première boule, & l'ar-
rêtai au quarante-cinquième degré, par
le moyen d'une petite pointe que je pou-
vois faire tomber aiſément. Je portai tout
ce petit appareil ſous le récipient d'une
machine pneumatique. Le récipient étoit
fait de manière à laiſſer pénétrer dans ſon
intérieur une verge de métal : je fis le
vide ; je fis tomber, par le moyen de la
verge de métal, la petite aiguille qui
retenoit la boule : la boule alla choquer
la ſeconde ; & par le moyen de ſon élaſticité, remonta préciſément au même
point

point auquel elle étoit parvenue à l'air libre.

Les phyficiens qui ont voulu rapporter l'élafticité des corps à l'action de l'air, imaginoient que dans le moment où l'on commençoit à plier le corps & à féparer fes parties, il devoit y avoir vers le fommet intérieur de l'angle deux portions contraintes à fe rapprocher : l'air compris entre ces deux portions étoit comprimé avec plus ou moins de force ; & en cherchant, après la compreffion, à fe rétablir dans fon premier état, il devoit obliger les deux portions du corps qui s'étoient approchées, à fe féparer, & par conféquent il devoit contraindre celles qui s'étoient féparées, à fe réunir. Mais comment l'air comprimé peut-il tendre à reprendre fon premier état, fi ce n'eft par le moyen de fon élafticité ? Eft-on donc bien avancé, lorfqu'on a expliqué l'élafticité des corps, par le moyen de l'air ? Ne refte-t-il pas toujours à trouver la caufe de l'élafticité de cet élément? Ceux qui ont voulu expliquer l'élafticité des corps & celle de l'air, par le moyen d'un fluide particulier interpofé, n'ont pas été plus heureux. D'où vient, en effet, l'élafticité de ce nouveau fluide;

Tome I.   O

élasticité qui est toujours nécessaire à l'explication?

Dans quelque question de physique que ce puisse être, lorsqu'on voit une liaison nécessaire entre la qualité d'une substance & la qualité d'une autre, entre les phénomènes qu'un corps présente & ceux qui sont offerts par un autre corps, non-seulement on peut, mais même on doit annoncer cette dépendance, en regardant toujours le problême comme irrésolu : si on n'a pas découvert la cause de la qualité ou des phénomènes, on a du moins déterminé la place où il falloit la chercher, & c'est beaucoup. Mais rapporter sans nécessité les phénomènes & les qualités qu'une substance présente, aux qualités & aux phénomènes d'une autre substance, & les dire expliqués par là, c'est uniquement renvoyer la solution de la question ; c'est rendre le plus mauvais service à la science, en pouvant faire paroître la question comme résolue à des esprits peu avancés, tandis qu'elle subsiste la même & avec les mêmes difficultés, qu'elle n'a fait que changer de nom, & qu'on n'a même rien appris, relativement à la place où on pourroit trouver l'explication desirée.

C'est malheureusement ce que pendant long-temps les physiciens se sont empressés de faire à l'envi l'un de l'autre.

Les physiciens qui ont cherché à expliquer l'élasticité des corps par le moyen d'un fluide, auroient-ils voulu dire que l'élasticité étoit propre au fluide dont ils vouloient faire admetre l'existence, & lui étoit attachée comme une qualité essentielle, inhérente à sa nature, & de la même manière que l'attraction appartient à la matière, suivant les Neutoniens? Dans ce cas il faut de deux choses l'une, ou que ce fluide ne ressemble pas à la matière connue, & alors nous ne devons rien dire, n'y ayant point de raisonnement auquel cette supposition ne puisse répondre; ou il faut que ces physiciens ne fassent en quelque sorte qu'énoncer en d'autres termes ce que nous avons établi ici, & qu'ils regardent l'élasticité dans leur fluide, comme nous l'admettons dans tous les corps, c'est-à-dire, comme une suite de l'attraction. Mais dès qu'ils sont obligés d'avoir recours aux affinités, pourquoi ne pas les reconnoître, dès le premier pas, pour la cause de l'élasticité? Pourquoi tout cet échafaudage? Pourquoi créer en quelque sorte un fluide ? Pourquoi reculer la queſtion à une diſtance immenſe, pour y répondre enſuite préciſément de la même manière qu'ils ont voulu dans le commencement éviter de la réſoudre ?

Nous avons vu que, tout égal d'ailleurs, l'élaſticité des corps eſt en raiſon de la maſſe : lors donc qu'on condenſe une ſubſtance, elle devroit jouir d'une élaſticité ſupérieure ; lorſqu'on la raréfie, ſon élaſticité devroit donc diminuer : celle de l'air eſt cependant augmentée par le feu, & par conſéquent par la raréfaction.

Il faut bien diſtinguer un volume d'air & d'autres fluides, d'avec les corps : une maſſe d'air n'eſt pas préciſément un corps, mais un amas de petits corps. L'élaſticité de l'air eſt à la vérité augmentée par le feu ; mais ce n'eſt que l'élaſticité de cet amas de petits corps, ce n'eſt que l'élaſticité apparente de l'air : celle de ces petits corps en particulier, celle de ſes molécules eſt réellement diminuée par le feu & par la raréfaction. Lorſqu'une maſſe d'air eſt pénétrée par une certaine quantité de feu, il arrive, ſoit à cauſe de l'élaſticité de la matière de la chaleur, qui eſt alors diſſéminée entre ſes pores, ſoit pour d'autres cauſes que nous examinerons dans la fuite, qu'elle offre une élafticité plus confidérable, du moins en apparence, qu'elle agit en vertu d'une élafticité plus énergique, qu'elle fe rétablit plus rapidement & avec plus de force, lorfqu'elle a été comprimée ; mais fi chaque molécule conftituante que l'air contient, fi chaque petit corps qu'il renferme pouvoit être plié en particulier, il auroit un reffort moins puiffant après l'action du feu, parce qu'il n'auroit plus la même maffe ; il ne fe rétabliroit ni auffi promptement ni au même degré.

Nous avons vu que les corps fragiles, c'eft-à-dire, ceux qui ont fubi une très-grande action du feu, & fur-tout ceux qui ont enfuite été faifis par un très-grand froid, ne font prefque pas flexibles : on ne peut pas les plier jufques à un certain point fans les caffer, avons-nous dit, & ils ne font fragiles que parce que l'action violente du chaud & du froid a doué leurs molécules d'une telle maffe, d'une telle figure & d'une telle affinité, que leur action ne peut s'étendre qu'à une petite diftance ; que leurs parties font bientôt entièrement défunies, pour peu qu'on les éloigne l'une de l'autre, & qu'en volant chacune de fon côté, elles

produiſent la fracture du corps. L'expérience a appris que ces corps fragiles
étoient des plus élaſtiques ; que le verre,
par exemple, jouiſſoit d'une très-grande
élaſticité.

D'un autre côté , les corps flexibles
ſont ceux dont les parties peuvent ſe
ſéparer à une diſtance aſſez conſidérable,
ſans ceſſer d'être retenues par le lien de
leur affinité ; leur attraction doit par conſéquent s'étendre aſſez loin ; elle doit
donc être puiſſante ; leur élaſticité, qui
en eſt une ſuite, doit donc être énergique. Comment ces phénomènes peu-
vent-ils ſe concilier ? Comment les corps
fragiles & les corps flexibles peuvent-
ils jouir également d'une grande élaſticité ? Comment cette qualité peut-elle
être poſſédée en quelque ſorte au même
degré par les corps dont l'attraction des
parties ne s'étend qu'à une petite diſtance,
& par ceux dont cette même attraction
parvient à un point aſſez éloigné ?

On doit diſtinguer en quelque ſorte
deux élaſticités ; mais auparavant, faiſons
voir qu'on doit reconnoître en quelque
ſorte deux eſpèces d'attractions.

La figure & la maſſe des parties des
corps peuvent être combinées enſemble,

de manière que ces parties jouiſſent d'une vertu attractive très-forte, mais qui ne s'étende qu'à une petite diſtance; comme, par exemple, lorſque la maſſe eſt très-conſidérable, & que la figure éloigne beaucoup le centre de gravité. Cette attraction, quoique la même dans le fond que l'attraction ordinaire, forme une des deux eſpèces dont nous venons de parler, & l'attraction ordinaire conſtitue la ſeconde.

Chaque eſpèce d'attraction doit faire naître une eſpèce d'élaſticité. L'attraction de la première eſpèce produira une élaſticité qui ſera très-forte, mais qui n'exiſtera pas pour les parties ſéparées par une grande diſtance ; l'élaſticité n'étant que l'attraction agiſſante, & l'affinité de la ſeconde eſpèce, fera naître une élaſticité qui non-ſeulement ſera forte, mais agira encore ſur les molécules diviſées par d'aſſez grands intervalles.

L'élaſticité de la première eſpèce eſt celle des corps fragiles : leurs parties s'attirent fortement, & par conſéquent ſe réuniſſent de même, lorſqu'elles ont été ſéparées, & que le reſſort a été tendu ; mais la figure de ces parties eſt telle, que, malgré leur affinité énergique, elles ne peuvent pas s'attirer de loin, qu'elles ne jouiffent par conféquent d'aucune élafticité, lorfqu'on les éloigne trop ; mais qu'elles fe féparent entièrement, ainfi que nous l'avons dit.

L'élafticité de la feconde efpèce eft celle des corps flexibles.

Il y a une grande objection à faire contre l'explication que nous avons expofée de l'élafticité. Repréfentons-nous, pourra-t-on nous dire, le fommet de l'angle qu'on cherche à former, lorfqu'on plie un corps (*a*). Confidérons les deux lignes AC & DF, fur lefquelles s'opère tout le jeu de la féparation : ces deux lignes étoient auparavant divifées par un intervalle, par un des pores du corps. Lorfqu'on plie ce corps, on agrandit cet intervalle ; on fépare l'une de l'autre, la partie A de la partie D : il n'eft pas furprenant que lorfque ces parties font abandonnées à elles-mêmes, elles cherchent à fe réunir en vertu de leur attraction ; mais en éloignant ces parties, on a rapproché la partie C & la partie F : ces parties, très-voifines alors l'une de l'autre, doivent s'attirer avec bien plus

____

(*a*) Voyez la planche fixième.

de force que les parties A & D qui font
fort éloignées : elles ne doivent donc
pas fe féparer ; mais cependant fi elles ne
fe féparent pas, le corps, après le rétabliffement du reffort, c'eft-à-dire, après
que les parties A & D font rapprochées,
ne peut pas fe trouver dans le même état
qu'auparavant, ce qui eft contraire à
l'expérience ; & en cas qu'on voulût
répondre que l'affinité des parties C & F,
qui ont été rapprochées, doit céder à
l'attraction des parties A, B, D & E,
qui toutes les quatre ont été éloignées
& doivent tendre à fe réunir ; ne pourra-
t-on pas dire que l'attraction au point de
contaɕ eft infinie, & que par conféquent
les parties C & F, quelque petites qu'on
les fuppofe, doivent l'emporter fur l'affinité de toutes les autres ? L'attraction
mutuelle des parties des corps ne peut
donc pas être regardée comme la caufe
de l'élafticité.

Il eft aifé de répondre à cette difficulté, très-grande en apparence. Lorfqu'on cherche à plier un corps on n'a-
grandit pas les pores déja faits, ou du
moins, cette extenfion des pores déja
exiftans, n'eft pas le principal effet qu'on
produit : on fait naître réellement de nou-

veaux intervalles ; on sépare les lignes A. B. C & D. E. F, qui se touchoient entièrement : on ne rapproche pas par conséquent les parties C, F; elles demeurent toujours à la même distance. Il n'est donc pas nécessaire qu'elles s'éloignent, pour que le corps reprenne son premier état ; les parties A & D n'ont donc pas besoin de l'emporter sur leurs efforts : la force attractive des parties C & F peut toujours être infinie, relativement à celle des autres parties, sans que le mouvement de ces dernières soit retardé, sans que leur affinité soit vaincue, sans qu'aucun obstacle s'oppose à leur rapprochement & à leur réunion, & empêche le corps de recouvrer son premier état.

Si, indépendamment de cet effet dont nous venons de parler ; si, indépendamment des nouveaux pores qui se forment, quelques anciens pores sont agrandis par un bout & rétrécis par l'autre ; si dans certains intervalles, quelques parties se rapprochent pendant que d'autres s'éloignent, il est très-vrai que ces pores ne peuvent pas reprendre leur première figure, lorsqu'on cesse d'agir sur leurs côtés, & cela d'après les raisons rapportées dans l'objection. Mais le nombre

de ces anciens pores eſt toujours ſi peu
conſidérable, relativement aux nouveaux
qui ſe forment, que leur effet eſt inſenſi-
ble, & que le corps n'en recouvre pas
moins ſa première figure, ou du moins
ils ne ſervent qu'à diminuer l'élaſticité ;
ils ſe joignent aux différentes cauſes de
cette force pour en établir les différens
degrés, c'eſt-à-dire, que tout égal d'ailleurs, plus la contexture d'un corps eſt
telle, que lorſqu'on le plie les anciens
pores s'ouvrent d'un côté, pendant qu'ils
ſe rétréciſſent de l'autre, moins il doit
jouir de l'élaſticité. C'eſt l'exiſtence de
ces anciens pores qui explique pourquoi
les corps ne jouiſſent jamais d'une élaſticité parfaite, ne reprennent jamais entièrement leur premier état, & portent
toujours l'empreinte de l'effort qu'on
leur a fait éprouver. Je ſuis perſuadé que
ſans ces pores, il y auroit certains corps
dont les parties jouiroient d'une affinité
aſſez forte, & ſeroient expoſées à aſſez
peu de frottement, pour qu'ils puſſent
avoir une élaſticité parfaite (a).

(a) Nous donnerons dans un des articles
qui concerneront les fluides, une table des
degrés d'élaſticité de diverſes ſubſtances de la
Nature, ſolides, fluides & liquides.

L'élasticité ne peut avoir lieu, ainsi qu'il est évident, que lorsque la substance a été comprimée : les atômes étant incompressibles ne peuvent donc point être élastiques. Tout fluide, toute substance qu'on supposera élastique, devra donc être compressible, & par conséquent poreuse.

Les parties d'un corps peuvent avoir une telle masse & une telle figure que, lorsqu'elles sont séparées l'une de l'autre par quelque effort étranger, & qu'elles cessent de jouir de leur contact, elles gagnent, avec les parties dont elles s'approchent, un contact égal ou presque égal à celui qu'elles ont perdu, ou même obtiennent un contact en quelque sorte parfait ; elles ne peuvent point reprendre alors la place qu'elles occupoient, ni se rétablir dans leur premier état, lorsque l'action extérieure cesse. Ceci n'a pas besoin de preuve, & joint à ce que nous avons déja dit, doit servir à expliquer la *non élasticité* de certains corps.

L'attraction peut diminuer la mollesse des corps, & accroître ainsi l'espèce de dureté dont ils sont susceptibles. En effet, en tenant les parties d'un corps plus liées, plus serrées l'une contre l'autre, ne doit-elle pas donner au corps plus de force pour réfifter à la compreffion ?

Les figures que les diverfes fubftances préfentent, ne fortent jamais parfaites & régulières des mains de la Nature, dans le fens que l'on attache à ce mot *régula-rité* : nous ne voyons jamais la Nature faire naître ni carrés, ni triangles parfaits, ni courbes régulières : la figure fphérique eft la feule qu'elle forme quelquefois dans toute fa perfection.

La raifon de cette différence eft que la figure fphérique eft produite fous les yeux de la Nature, par l'attraction agiffant librement, par une force conftante qui décroît avec régularité, & qui eft toujours proportionnée au nombre des molécules fur lefquelles elle agit ; tandis que toutes les autres figures font l'ouvrage de plufieurs caufes accidentelles & locales, qui n'ont ni conftance dans leur durée, ni régularité dans leur décroiffement, ni uniformité dans leur action, & qui à chaque inftant varient en chaque endroit ; ou toutes ces figures font dues à une attraction contrainte par des accidens bizarres, régie par des caufes variables, & prefque toujours inégalement maîtrifée par ces agens irréguliers.

Nous avons vu que les divers phénomènes de la Nature ne nous permet-
toient pas de douter de l'existence de
l'attraction. Nous avons été contraints
d'admettre une puissance qui pousse les
molécules de la matière les unes contre
les autres, soit que cette force soit l'effet mécanique d'une impulsion étrangère, ou qu'elle dépende d'une vertu
inhérente à la matière. Examinons maintenant quelle est réellement la cause de
cette force merveilleuse qui tient tout
l'univers enchaîné à l'ordre admirable
qu'il observe.

Si l'attraction est l'effet d'une impulsion, elle doit nécessairement dépendre
de l'action d'un corps étranger, doué de
mouvement, & présent à chaque instant
en tous lieux ; car l'attraction est sans
cesse répandue par-tout. Ce corps étranger doit donc être extrêmement divisé :
il doit donc être composé de petites
parties très-séparées ; il doit donc être un
fluide & un fluide disséminé par-tout.
Ou ce fluide, dont l'action & le mouvement produisent les phénomènes de l'attraction, agit suivant les lois de la Nature, que les différens physiciens qui
nous ont précédés ont découvertes &

établies, ou non. S'il suit ces lois connues, combien de phénomènes n'avons-nous pas vû, qu'on ne pourroit pas expliquer par son moyen, & qui dépendent cependant de l'attraction ! Combien n'en rencontrerons-nous pas qui tiennent à cette même force, & qui ne pourront cependant pas être rapportés à un fluide agissant, suivant les lois de la Nature que nous connoissons ! D'ailleurs, n'est-on pas obligé de dire que ce fluide disséminé est parfaitement ou éminemment élastique, qu'il est, par exemple, aussi élastique que celui de la lumière ? Mais comment ce fluide pourroit-il être élastique ? Ou il est composé d'atômes, de premières molécules de la matière, ou non. S'il ne contient que des atômes isolés, il ne pourra pas être élastique. L'élasticité n'est qu'une propriété, par le moyen de laquelle une substance reprend la figure qu'elle avoit perdue : un être ne pourra donc être élastique, qu'autant qu'il pourra perdre sa figure, qu'autant qu'il pourra être comprimé ; mais les atômes sont parfaitement durs & parfaitement incompressibles ; ils ne peuvent donc être élastiques ; le fluide disséminé ne pourroit donc pas jouir de l'élasticité, s'il n'étoit composé que d'atômes isolés.

Si l'on veut dire que ce fluide est composé d'atômes combinés ensemble, & formant des molécules poreuses, & par conséquent compressibles, je demanderai d'abord quelle puissance a réuni ces atômes, & quelle puissance les conserve liés ? Quelle force empêche qu'ils ne soient divisés par les divers mouvemens en tout sens qu'ils éprouvent, & par les différens frottemens qu'ils doivent subir? Je ne vois que l'attraction qui puisse produire cet effet ; mais alors ce seroit un cercle vicieux ; l'attraction seroit la cause de l'existence du fluide, & le fluide la cause de l'existence de l'attraction.

Supposons cependant que ce fluide puisse être composé, ainsi qu'on le veut, de molécules poreuses : on voit bien dèslors comment elles pourront être comprimées, c'est-à-dire, perdre leur figure ; mais comment pourront-elles être élastiques ? Comment reprendront-elles la figure qu'elles auront perdue? Imaginera-t-on quelque second fluide, disséminé dans les pores du premier, & qui par son élasticité obligera les parties séparées à se réunir, & les parties rapprochées à s'écarter ; qui enfin contraindra le premier fluide à reprendre son premier état ? Mais ce n'est que reculer la difficulté. D'où vient l'élasticité de ce second fluide ? On en créera peut-être un troisième, dont il faudra aussi expliquer l'élasticité par le moyen d'un quatrième ; & nous verrons ainsi une suite immense de fluides décroissans, disséminés dans les pores les uns des autres : notre imagination ne pourra suivre cet enchaînement, prolongé en quelque sorte à l'infini ; & on appellera toute cette énorme complication, un plan simple & digne de la Nature. Si du moins on pouvoit expliquer quelque chose avec tous ces efforts, on pourroit en adopter le fruit : mais le dernier de ces fluides, qu'est-ce qui le rend élastique ? On me dira peut-être que l'élasticité est propre au premier fluide disséminé dans l'espace, & que c'est une propriété qui lui a été départie, comme l'on veut que l'attraction ait été accordée à toutes les molécules de la matière. Mais que l'on fasse attention à ce que l'on accorderoit alors : l'élasticité, ainsi qu'on doit le voir, n'est que l'attraction agissante, de quelque cause que dépende cette attraction. Si l'élasticité eſt propre à une certaine eſpèce de matière, l'attraction lui eſt donc inhérente. Mais comment admettre l'attraction, comme propre à une eſpèce de matière, & la refuſer à la matière en général? Comment le même effet dépendroit-il dans la matière en général, d'une cauſe impulſive; & ſeroit-il de l'eſſence d'une eſpèce particulière de matière, ſans qu'aucune cauſe l'y produiſît? Eſt-ce ainſi qu'agit la Nature? Mais d'ailleurs cette aſſertion ſeroit abſolument contraire à la ſuppoſition que nous avons établie. Nous avons regardé le fluide diſſéminé comme agiſſant ſuivant les lois connues de la Nature, c'eſt-à-dire, comme ſoumis aux mêmes lois que les autres êtres; mais le ſeroit-il, s'il ſe mouvoit par une vertu attractive, inhérente à ſes molécules, & ſi cependant les autres ſubſtances ne pouvoient jamais être remuées que par une impulſion mécanique? Il faut donc renoncer à expliquer l'attraction, par un fluide agiſſant ſuivant les lois de la Nature. Mais ſi on veut la rapporter à un fluide qui en ſuive de différentes, d'où tirera-t-on les lois de ce fluide? Ne les créera-t-on pas? ne les fabriquera-t-on pas à ſon gré? ne formera-t-on pas un monde imaginaire? Car il n'y a pas de milieu; ce qui n'eſt pas ſuivant les lois de la Nature, doit néceſ-ſairement leur être contraire. Il y auroit donc, en quelque ſorte, deux natures ennemies, deux univers oppoſés, renfer-més l'un dans l'autre, qui, bien loin de ſe détruire, ſe ſoutiendroient mutuelle-ment: n'eſt-ce pas préſenter uniquement des fictions? n'eſt-ce pas créer des êtres fabuleux, pour en compoſer un enſemble tout auſſi fantaſtique? Et les phyſiciens ne doivent-ils pas alors ſe taire, quelque ingénieux que puiſſe être le ſyſtême qu'on aura imaginé? On ne peut donc en aucune manière expliquer l'attraction par un fluide. Elle eſt donc véritablement une propriété inhérente à toute molécule de matière, & indépendante de toute impulſion étrangère.

Conclusion.

Les phyſiciens doivent donc regarder comme très-certain, que l'attraction eſt une propriété générale de la matière, que ſes phénomènes ne peuvent dépen-dre d'aucune ſubſtance étrangère, ni être produits par aucun fluide agiſſant ſuivant les lois connues de la Nature : que cette attraction est la même par tout, autour des corps célestes qu'elle maintient dans leur ordre & qu'elle fait mouvoir, & autour des plus petites parties des différentes substances de la Nature, qu'elle réunit & qu'elle lie. Ils doivent considérer, comme également prouvé, que l'attraction est soumise à des lois ; qu'elle est en raison de la masse & de la figure, & en raison inverse du carré de la distance ; qu'il faut, relativement à cette loi fameuse, bien distinguer les diverses substances de la Nature ; qu'elle fournit des conséquences bien différentes pour les atômes & pour les corps ; que plus un corps est divisé, & plus il jouit d'une vertu en proportion plus énergique ; que la figure qui revêt un corps de la plus grande surface, est celle qui lui donne le plus d'affinité avec un fluide environnant ; que les lois de l'attraction sont toujours les mêmes ; que dans les plus petites distances cette force suit toujours la loi du carré, quoique le corps attiré s'avance suivant une loi plus forte ; qu'elle est la cause de l'élasticité des corps ; qu'il faut en quelque sorte distinguer deux espèces d'élasticité, & enfin que les corps incompressibles ne peuvent point être élastiques.

Il reste aux physiciens, relativement à l'objet de ce chapitre, à découvrir, par le moyen d'expériences imaginées avec sagacité & exécutées avec soin, les attractions particulières des diverses substances, & les degrés d'affinité de leurs parties ; à déterminer les différentes lois, plus fortes que celle du carré que les corps peuvent suivre lorsqu'ils sont attirés ; à reconnoître les figures des molécules composantes des diverses substances ; à achever enfin d'établir les degrés d'élasticité des différens corps. De quelle utilité ne seroient pas aux sciences & aux arts, toutes les recherches que ces découvertes demanderoient ?

Nous avons déja examiné les fondemens de toute la physique, de toutes les sciences naturelles, tant la Nature est simple dans ses moyens. Considérons maintenant le vaste édifice qui s'élève sur ces fondemens : puissé-je le représenter tel qu'il est ! Ce grand monument ne nous offrira encore qu'une immense charpente, dont l'ornement le plus léger ne dérobera aucune partie : ce ne sera qu'à mesure que nous avancerons, qu'à mesure que notre esprit fera moins d'abstractions, & isolera moins les propriétés des corps, qu'à mesure que nous parviendrons à la physique particulière, & que nous rendrons à la Nature tout ce qui lui appartient, tout son luxe, toute sa parure ; ce ne sera qu'alors que l'édifice que nous considérons pourra montrer cette apparence séduisante, & jeter cet éclat enchanteur que donnent la richesse des ornemens, la vivacité des couleurs, les graces des formes, la variété des détails, le fini des différentes parties. Mais à la place de ces beautés brillantes, quel spectacle ne nous présente-t-il pas, lorsque nous le contemplons dans ses premiers linéamens ? Et si nos yeux sont peut-être moins réjouis, la perte de quelques agrémens n'est-elle pas bien compensée par cette majesté imposante, ces beautés sublimes de l'ordre & de l'ensemble qu'il nous offre, & qui ne frappent jamais autant que lorsque aucun ornement ne peut les voiler ?

Parmi les ouvrages relatifs à l'attraction, l'on doit consulter particulièrement ceux de Neuton & de M. d'Alembert, & notamment l'article *attraction* dans l'Encyclopédie ; l'Astronomie de M. de Lalande, le Dictionnaire de Chimie de M. Macquer, les Mémoi-

res de l'Académie des Sciences, & les
Ouvrages de MM. Keil, Freind, Mufchenbroeck, &c.

CHAPITRE VI.

De la Cohérence & de l'Adhérence.

Nous pouvons maintenant expofer cette propriété de la matière que nous avons nommée cohérence, & dont nous n'avons pu traiter, avant d'avoir parlé de l'attraction.

Sans cette force toutes les molécules compofantes demeureroient détachées & fimplement placées l'une contre l'autre ; elles ne formeroient aucun corps, elles n'exifteroient même pas ; les atômes n'auroient jamais été liés & réunis, ils n'auroient même jamais été formés par cette propriété : les parties des atômes, après avoir été attirées l'une par l'autre, fe font unies de manière à ne pouvoir jamais être féparées ; & les atômes eux-mêmes, après avoir été entraînés l'un contre l'autre par leur vertu attractive, & s'être approchés jufqu'à fe toucher par un certain nombre de points, s'attachent & fe lient mutuellement, forment un corps, un feul tout, & ne peuvent être ni arrachés l'un à l'autre par

leur

leur propre pefanteur, dans quelque fituation qu'on les place, ni divifés par une force qui ne feroit pas plus ou moins fupérieure à cette même pefanteur.

Elle eft véritablement une propriété générale de la matière, puifque, fans fon pouvoir, les atômes ni les plus petits corps n'exifteroient pas.

Il faut bien diftinguer la cohérence d'avec l'adhérence. La cohérence eft cette propriété qui lie enfemble les parties d'un corps ; & l'adhérence eft cette force par laquelle le corps, déja formé, s'attache & demeure plus ou moins réuni avec un nouveau corps de la même efpèce, ou d'une efpèce différente : ce n'eft pas que ces deux propriétés ne foient dans le fond la même qualité, ne découlent de la même fource, & ne dépendent des mêmes caufes ; mais elles font cependant véritablement diftinctes, en ce que l'une peut exifter fans l'autre, en ce que certaines fubftances ont de l'adhérence, fans avoir en quelque forte de la cohérence. Elles différent d'ailleurs en plufieurs points, ainfi qu'on s'en convaincra aifément ; & par exemple, la cohérence n'eft jamais vaincue par la pefanteur de quelques-unes des parties qui font liées enfemble, c'eft-à-dire, par l'attraction du globe de la terre, tandis que l'adhérence eft fouvent détruite par la pefanteur de l'un des corps réunis.

La cohérence, prife dans le fens le plus rigoureux, appartient principalement aux atômes. Leurs parties font, en effet, fi fort liées les unes avec les autres, elles cohèrent tellement, que non-feulement leur union ne peut pas être détruite par la pefanteur, mais qu'aucune force connue, que tout l'effort de l'art, que toute la puiffance de la Nature ne peuvent les féparer.

Les diverfes fubftances peuvent jouir d'une cohérence plus ou moins forte, fuivant que les caufes de cette propriété agiffent fur leurs molécules d'une manière plus ou moins énergique. La cohérence de leurs parties peut quelquefois être rendue en quelque forte nulle, foit par le défaut des caufes dont nous parlerons, ou par la préfence de quelque agent étranger, qui, en fe gliffant entre les molécules, & en les écartant les unes des autres, les empêche d'obéir à la puiffance qui tend à les unir ; les fubftances ceſſent alors d'être ſolides, & elles prennent le nom de *fluides*.

Si dans leur état de fluidité leurs molécules conſervent encore une certaine groſſeur, & ſont de petits corps aſſez conſidérables, elles n'obéiſſent qu'en partie aux différentes lois *des fluides*, dont nous parlerons dans le cours de cet ouvrage, & ne ſont que des fluides imparfaits, comme, par exemple, un amas de ſable, un tas de grains de blé, &c.; mais ſi la cohérence ne ſubſiſte qu'entre des molécules très-petites, les ſubſtances deviennent alors de véritables fluides, & obéiſſent à toutes leurs lois : tel eſt l'air, &c.

Lorſque les ſubſtances, après avoir été réduites à l'état de *fluidité* parfaite, jouiſſent d'une propriété dont nous parlerons dans la ſuite ; lorſqu'elles s'attachent à la main qui les touche, à un corps qu'on en approche, qu'elles adhèrent à leurs ſurfaces & les humectent, elle prennent le nom de *liquides* : tels ſont, par exemple, l'eau, les métaux fondus, les huiles, &c.

Au reſte, comme il n'eſt peut-être aucun fluide qui ne jouiſſe un peu de cette propriété de s'attacher & d'humecter, le caractère que je viens d'assigner, d'après les physiciens, ne peut pas véritablement servir à distinguer les fluides parfaits d'avec les liquides. On doit dire plutôt que les liquides sont les fluides parfaits, qui jouissent à un degré très-sensible de la propriété d'humecter & de s'attacher aux surfaces.

A la vérité, d'après cette manière de séparer les fluides d'avec les liquides, on ne pourra pas établir de ligne de division bien exacte entre ces deux espèces de substances : rien n'en déterminera la véritable place ; & pour mieux dire, on devra concevoir une large zone, pour séparer ces deux espèces de substances ; on devra imaginer deux limites assez éloignées, qui comprendront les corps douteux, & qui renfermeront la ligne de division, lorsqu'elle pourra être tracée : mais en cela, on ne fera que se rapprocher de la Nature, qui ne divise point les espèces, mais qui les fond par des nuances insensibles, & qui, pour être bien connue, exige bien plutôt qu'on observe & qu'on compare les individus, qui sont ses véritables ouvrages, que les espèces, qu'elle ne paroît pas avoir voulu former.

Comme nous n'avons pas destiné notre

ouvrage à être le dépôt des différentes opinions que les philosophes ont eues sur la physique, & que nous avons voulu uniquement faire un traité général qui embrasât toutes les branches de cette science, nous n'avons pas dû rapporter les différentes hypothèses physiques qui ont été imaginées, & nous avons résolu de ne parler que de celles que nous adopterions : nous avons cependant cru devoir nous souftraire quelquefois à cette règle, par respect pour le grand nom de l'auteur de l'hypothèse, ou lorsqu'elle auroit régné pendant long-temps sur un grand nombre de sectateurs célèbres.

Ces deux motifs nous engagent à exposer ici la manière dont Descartes explique la cohérence des corps : pour la faire mieux entendre, il est nécessaire d'esquiffer le système de ce grand homme sur la formation de l'univers.

Au commencement, dit Descartes, Dieu créa une matière homogène : il en remplit l'espace : il la divisa en parties dures, cubiques, & étroitement appliquées les unes contre les autres, de façon qu'aucun vide ne pouvoit les séparer : il leur imprima deux mouvemens ; il leur donna à chacune un mou-

vement de rotation autour de son centre;
& il les divisa en tourbillons, qu'il fit
mouvoir chacun autour d'un centre particulier.

Ces deux mouvemens leur firent
éprouver des frottemens & des chocs
qui eurent bientôt émoussé leurs angles,
& les cubes devinrent des sphères. Leur
nouvelle forme fit naître nécessairement
beaucoup de vides: ils furent bientôt remplis par la matière dont avoient été composés les angles qui avoient disparu : matière extrêmement déliée, extrêmement
ténue, que Descartes nomme *matière
subtile*, dont il fait son premier élément,
& qui lui sert à expliquer un très-grand
nombre de phénomènes. Il appelle second
élément, ou matière globuleuse, les petites sphères dans lesquelles les cubes
furent transformés ; & il donne le nom
de troisième élément aux éclats les plus
massifs & les plus irréguliers, qui durent
nécessairement être produits par la rup-
ture des angles des cubes.

Ces trois élémens, d'abord confondus & mêlés, se séparèrent bientôt. Le
troisième élément, plus massif que les
deux autres, s'éloigna nécessairement du
centre de son mouvement : il fut la

matière de tous les corps opaques. Le premier plus délié, & répandu en plus grande quantité qu'il n'auroit dû l'être, pour remplir les vides des autres élémens, dut aller former aux centres des tourbillons, les différens soleils dont les cieux sont peuplés. Le second, enfin, plus massif que le premier, mais plus délié que le troisième, se plaça entre deux, pour faire parvenir la lumière aux corps opaques.

Quoique les comètes, les planètes, la terre, & tous les corps opaques, aient été formés par le troisième élément, le second & le premier y sont plus ou moins répandus ; & ils remplissent les intervalles qui séparent les parties du premier. Ils servent à Descartes, à expliquer les divers phénomènes physiques ; & ce philosophe emploie sur-tout la matière subtile qui, susceptible de toute sorte de formes, sans en garder aucune, jouit dans tous les sens d'un mouvement rapide & continuel.

Le mouvement imprimé à la matière, dès l'origine de l'univers, s'est toujours conservé ; il produit nécessairement des chocs continuels, ou une impulsion constante, que Descartes regarde comme une

cauſe unique, générale, primitive, mécanique, & qui ne dépend que de la
volonté du Créateur, de tous les effets
de la Nature.

Tel eſt le fond du ſyſtême de Deſcartes. Ce bel ouvrage de ſon génie
eſt d'autant plus remarquable, & d'autant plus digne de notre admiration,
que Deſcartes n'a pu élever ſes idées que
ſur les ruines d'opinions qui régnoient en
tyrans ſur tous les eſprits, & qu'il a fallu
qu'il rompît les liens dont l'ignorance, la
ſuperſtition & un reſpect aveugle avoient
enchaîné toutes les écoles ſous la domi-
nation du péripatétiſme.

Ce que nous avons déja dit ſuffit pour
empêcher d'admettre pluſieurs parties du
ſyſtême de Deſcartes ; nous renvoyons
particulièrement à la partie de cet ouvrage qui traite de l'aſtronomie, à faire
voir combien peu ſon enſemble doit être
adopté.

Paſſons à la cauſe de la cohérence que
l'hypothèſe de Deſcartes fournit à ce
grand homme.

Suivant Deſcartes & ſes ſectateurs,
les parties des corps ne ſont réunies que
par la force & l'impulſion d'un fluide ambiant. Les ſubſtances ſont dures ou ſolides,

disent les Cartésiens, lorsque le fluide ambiant agit avec une très-grande force sur leurs principes constituans, & les contient dans un repos absolu. Elles sont au contraire fluides ou liquides, lorsque ce même fluide pénètre parmi ces principes, tend à les écarter, & s'oppose à la pression extérieure qui s'efforce de les réunir & de les réduire à l'état de repos. Ils rapportent plusieurs expériences favorables, disent-ils, à leur opinion ; & particulièrement qu'on prenne, continuent-ils, deux plans de bois, bien polis, & travaillés l'un sur l'autre ; qu'on en attache un au fond d'un vase, qu'on mette le second par dessus le premier, & qu'on verse du mercure dans le vase. Tant que le mercure pourra s'insinuer entre les surfaces de ces deux corps, ils n'auront aucune cohérence l'un avec l'autre, & le corps de dessus surnagera. Mais si on a pressé ces deux corps, de manière qu'ils se touchent immédiatement, & que le mercure ne puisse pas passer entre leurs surfaces, ils cohéreront avec une force proportionnée au poids de l'atmosphère, & à la quantité de mercure qui les comprimera. Cette expérience ne démontre-t-elle pas, disent les Cartésiens, que la

P v

preſſion d'un fluide ambiant, employée d'une manière convenable contre les ſurfaces de deux corps, ſuffit pour les unir ?

On doit leur accorder que tout ce qui eſt capable de preſſer deux ſurfaces, contribue néceſſairement à leur union. Mais cette cohérence n'eſt-elle due qu'à la preſſion que les ſurfaces éprouvent ? L'action d'un fluide ambiant n'eſt-elle pas uniquement une nouvelle cauſe qui peut joindre de temps en temps ſon effort à celui de la véritable cauſe de la cohérence, mais dont cette dernière eſt entièrement indépendante ?

Les Cartéſiens diſent encore, qu'on humecte légèrement deux ſurfaces de glace bien polies, qu'on les faſſe gliſſer l'une ſur l'autre, de manière à chaſſer tous les fluides qui pourroient être ren- fermés entre ces deux ſurfaces, elles demeureront unies avec une force pro- portionnée à l'étendue de leur contact. Cette liaiſon, cette eſpèce de cohérence n'empêchera pas qu'on ne les ſépare par- faitement, en les faiſant gliſſer l'une ſur l'autre ; mais il n'en ſera pas de même lorſqu'on voudra les déſunir, en les tirant perpendiculairement en ſens contraire.

N'eft-ce pas une preuve, difent les dif-
ciples de Defcartes, de l'union produite
par la preffion de l'air qui s'appuie fur
les deux plans de glace ?

L'action de l'air peut concourir à la
production du phénomène ; mais les expériences fuivantes vont prouver que
cette action n'en eft pas la feule caufe.
M. Huyghens répéta l'expérience dont
nous venons de parler, avec deux morceaux de marbre noir, dont la furface
étoit d'un pouce en carré, & fous un
récipient entièrement vide d'air : les morceaux de marbre demeurèrent unis avec
affez de force, pour que le morceau de
marbre inférieur, non-feulement réfiftât
à fa pefanteur, mais foutînt encore un
poids de trois livres fans fe féparer.
M. Sigaud de la Fond a fait la même
expérience avec deux plans de glace ;
il a vu le plan inférieur foutenir dans
le vide fon propre poids, fa monture,
& un poids étranger de deux ou trois
livres. On ne peut pas dire que la quantité d'air qui refte dans le récipient fuffit
pour produire ce phénomène : en effet,
il eft démontré par le calcul, ainfi que
nous le verrons, qu'elle ne peut fou-
ténir & contrebalancer que le poids d'une

colonne de mercure d'une ligne de hauteur, & qui auroit pour baſe l'étendue des glaces qu'on emploie ; mais ce poids eſt bien inférieur à celui du plan de glace ou de marbre, & du corps étranger qu'il ſupporte. La preſſion de l'air ne produit donc pas le phénomène.

Les expériences les plus favorables des Cartéſiens ne prouvent donc pas que la cohérence de quelque corps vienne uniquement de la preſſion d'un fluide; il eſt impoſſible même, dans leur hypothèſe, d'expliquer celles de M. Huyghens & de M. de la Fond. En effet, il faudroit pour cela avoir recours à la matière ſubtile, & dire avec les Cartéſiens, que ſi l'air ne peut pénétrer ſous le récipient d'une machine pneumatique, la matière ſubtile, qui paſſe au travers de tous les pores, peut s'y inſinuer & produire par ſa preſſion la liaiſon des plans. Mais pourquoi cette matière ſubtile ne traverſeroit-elle pas ces plans, dès qu'elle pénétreroit au travers de ceux du récipient de la machine pneumatique ? Et d'après cela, comment produiroit-elle cette preſſion ? Cela ſeul ſuffit pour réfuter l'hypothèſe de Deſcartes. Nous verrons dans le cours de cet ouvrage plufieurs autres raifons de ne pas l'admettre.

La grande & principale caufe de la cohérence eft l'affinité que les différentes parties des corps exercent les unes fur les autres : la cohérence n'eft prefque qu'un effet de leur force attractive ; &, fuivant que cette vertu eft plus énergique, & que l'effet eft plus confidérable, les corps font folides, ou à demi fluides, ou fluides parfaits

Plufieurs Neutoniens paroiffent ne reconnoître d'autre caufe de la cohérence que l'attraction : fuivant moi, elle n'en eft que la caufe principale ; il faut lui affocier celle dont nous allons parler.

La figure des molécules compofantes des corps, réglant leur plus ou moins d'attraction, doit certainement influer fur leur cohérence ; mais, abftraction faite de la vertu attractive, la figure de ces molécules me paroît encore devoir régir cette même cohérence, & elle eft la feconde caufe d'union que nous croyons devoir ajouter à celle que plufieurs Neutoniens ont reconnue.

En effet, fuivant leur figure les molécules doivent fe toucher par un plus grand nombre de points, & éprouver un frottement plus confidérable qui pourra fouvent les retenir unies l'une contre l'autre, & les empêcher de fe féparer, pour obéir à leur pefanteur. Suivant leur figure, elles doivent plus ou moins s'engager, s'embarraffer, s'engrainer les unes dans les autres, & former quelquefois comme une efpèce de charpente, dont les pièces bien emboîtées conftituent un tout qui peut demeurer inféparable, dans quelque fituation qu'on les place.

Les parties des corps font donc réunies par leur vertu attraĉtive & par leur figure. Il femble cependant que par elles-mêmes, & livrées à leurs propres forces, elles n'auroient eu ni une figure affez anguleufe pour s'engrainer & s'accrocher, ni une vertu attraĉtive affez forte pour demeurer fortement liées & réfifter à leur pefanteur. La Nature a répandu dans prefque tous les corps une efpèce de *gluten*, une forte de ciment qui en attache les différentes parties : ce gluten a pu aifément pénétrer dans les vides des molécules, les accrocher en fe durciffant, ou en envelopper les angles faillans d'une efpèce de croûte qui s'eft enfuite confolidée, & les a retenus : ou ce ciment a pu être doué, relativement aux molécules, d'une affi-

nité plus grande que celle que ces molécules auroient pu exercer l'une contre
l'autre.

Les pierres, les métaux, les végétaux,
les animaux, ces quatre grandes claſſes
d'êtres, ont ainſi leurs parties liées par un
gluten. Lorſqu'on leur enlève ce ciment,
par le moyen de l'eau, du feu, de quelque acide, &c. non-ſeulement on les
décompoſe, en les privant d'un gluten
qui eſt en quelque ſorte un de leurs principes conſtituans ; mais même après cette
eſpèce de décompoſition, leurs parties
demeurent en quelque ſorte incapables de
former un *tout* au moins bien ſolide : telles
ſont les ſubſtances animales & végétales
précipitées d'une diſſolution , pourries
ou réduites en cendres, les métaux précipités ou calcinés , les pierres calci-
nées , &c.

Il ſeroit bien intéreſſant de rechercher
dans les différentes ſubſtances la véritable nature de ce gluten , de reconnoître
s'il eſt compoſé de molécules ſemblables aux parties du corps , mais plus
petites ; ou bien s'il eſt formé par une
ſubſtance étrangère, par quelque fluide ,
par quelque gas réduit dans l'état de
fixité ; s'il eſt entièrement compoſé de

fluide aériforme, ou s'il renferme quelque autre substance.

On ne peut guère s'empêcher de regarder l'argile comme un des principes constituans des pierres calcaires, des pierres à chaux proprement dites, de la craie, &c.; elle me paroît être le ciment qui en unit les molécules. D'après cela, me dira-t-on peut-être, les pierres les plus dures devroient avoir le plus de gluten & contenir le plus d'argile; & le marbre blanc de Carrare, plusieurs autres marbres qui tous font des pierres calcaires des plus dures, ne renferment point d'argile, suivant les expériences de M. Quatremère d'Isjonval (a), ou du moins on ne peut pas dire qu'ils en contiennent une grande quantité. Je répondrai que cette plus grande dureté du marbre de Carrare, & de plusieurs autres marbres, est due à une cause étrangère au gluten, & dont nous allons parler; & que par conséquent leur dureté peut être très-grande & leur ciment très-peu abondant, sans que ce que j'ai avancé soit détruit.

(a) Journal de Physique, du mois de novembre 1781.

Tout égal d'ailleurs, plus les molécules des corps sont petites, & plus les corps doivent être durs. Les plus petites molécules ne peuvent-elles pas, en effet, se toucher par plus de points, ne sont-elles pas plus près l'une de l'autre? Dèslors leur attraction mutuelle n'est-elle pas plus énergique? Ne doivent-elles pas, d'un autre côté, s'engrainer dans plus d'endroits? Les corps les plus petits ne jouissent-ils pas en proportion d'une affinité plus considérable? Et d'ailleurs, les molécules plus petites n'ont-elles pas dû exercer une force attractive plus puissante sur le gluten fluide qui a cherché à les unir?

Cette plus grande ténuité de molécules est cette cause étrangère qui donne au marbre de Carrare, & à plusieurs autres marbres, la grande dureté dont ils jouissent malgré la petite quantité de ciment qui attache leurs parties.

On augmente la cohérence des corps en les chargeant de matières pesantes; & pourquoi cela ne seroit-il pas? Un grand poids doit obliger les parties du corps chargé à se rapprocher & à se toucher plus intimement; par-là leur attraction devient plus considérable, puisqu'elle doit augmenter, comme la diftance diminue : d'ailleurs, les molécules plus rapprochées peuvent s'engager plus avant les unes dans les autres, & s'accrocher avec plus de force ; c'eft à caufe de cela, qu'ainfi que nous le verrons en parlant du globe de la terre, les bancs de pierre les plus durs, & par conféquent les plus cohérens, font toujours fitués fous des bancs de terre, de pierre ou d'autres matières très-pefantes.

Lorfque la cohérence des différentes parties des corps eft très-confidérable, elle produit la fermeté, cette propriété par le moyen de laquelle un corps peut réfifter à des poids ou à des compreffions fans fe rompre, & même quelquefois fans plier, du moins beaucoup.

Le phyficien doit rechercher avec foin les divers degrés de fermeté ou de cohérence, dont peuvent jouir les différentes fubftances de la Nature ; il le doit aux arts & à la fcience qu'il cultive.

MM. de Buffon, du Hamel, Muf-chenbroeck, & d'autres phyficiens, ont fait à ce fujet un grand nombre de très-belles expériences : je n'ai pas cru devoir les rapporter ici, non plus que celles que j'ai faites dans les mêmes vues fur

différens corps ; j'ai pensé qu'elles trou-
veroient plus naturellement leur place
dans les différens articles de la physique particulière , qui concernent les
corps dont la fermeté a été éprouvée,
que dans un article où il ne doit être
question que de la cohérence en général ; elles feront lues avec plus d'intérêt
& retenues avec moins de peine. Je vais
uniquement en rapporter quelques réfultats, qui font autant de vérités générales
relatives à la cohérence.

Lorsqu'on attaque les corps dans la
direction de leur pesanteur, ils réfistent
moins que lorsqu'on cherche à vaincre
leur cohérence dans un autre fens, parce
qu'alors la force qu'on emploie est aidée
par cette même pesanteur, au lieu qu'elle
n'en reçoit aucun fecours, & qu'il faut
même qu'elle la furmonte quelquefois ,
lorsqu'elle agit dans une autre direction.

Mais faifons abstraction de la pefanteur , & faifons abstraction encore de
la manière dont on peut accrocher les
poids & appliquer les forces aux corps
dont on veut détruire la cohérence , &
de la manière dont ces corps peuvent
être placés pour foutenir l'effort. Abftraction faite de toutes ces chofes, dont

nous ne pouvons encore parler, la plupart des corps, toutes chofes d'ailleurs égales, réfiftent mieux dans un fens que dans un autre, aux poids & aux forces qui cherchent à vaincre leur cohérence.

Ceux qui ont été compofés de couches concentriques, parfaitement égales, & qui forment plufieurs fphères renfermées l'une dans l'autre comme certaines géodes, doivent réfifter également dans quelque fens qu'on les attaque. Ceux qui font formés de molécules également attachées dans tous les fens, & dans lefquels on ne peut diftinguer aucun fil, aucun efpace où la liaifon des parties puiffe être plus ou moins forte, ceux-là doivent encore oppofer une égale réfiftance dans tous leurs points ; tels font les métaux fondus & bien purifiés, le quartz, &c. Mais ceux dont les molécules fe font plutôt réunies dans un fens que dans un autre, qui préfentent des fibres ou des couches longitudinales non parallèles, c'eft-à-dire, qui offrent des parties bien liées, & d'autres qui ne le font pas autant, puifqu'elles font féparées par des intervalles plus fenfibles ; ceux-là ne doivent pas réfifter également dans quelque fens qu'on les attaque : tels

font les bois, les pierres calcaires, &c.
Et en effet, nous verrons que, quelque
égal que puiſſe être un cube de pierre
ou un cube de bois, il faut un poids
bien moins grand pour le caſſer, & par
conſéquent pour vaincre ſa cohérence,
lorſque la direction du poids, dont les
cubes ſont chargés, eſt parallèle aux
fibres du bois ou aux couches de la pierre,
& que par-là le poids tend uniquement
à ſéparer des fibres ou des couches ſouvent aſſez mal liées enſemble, que lorſque cette même direction eſt perpendiculaire à celle des couches & des fibres,
& que le poids s'efforce de couper ces
mêmes fibres & ces mêmes couches. Il
y a long-temps que les ouvriers ſavent
qu'il faut employer les pierres & les bois
de manière à ce que la direction des poids
qu'ils peuvent avoir à ſupporter ſoit perpendiculaire à celle de leurs couches,
pour qu'ils puiſſent réſiſter davantage à
leurs efforts. Parlons maintenant de l'adhérence.

L'adhérence eſt, comme nous l'avons
dit, cette propriété par le moyen de
laquelle deux corps reſtent unis enſemble & appliqués l'un contre l'autre. Les
atômes doivent jouir de cette propriété ;

fans cette force, ils auroient demeuré toujours féparés les uns des autres ; aucun corps n'auroit pu exifter, puifque les corps ne font formés que par la réunion des atômes, & l'univers n'auroit été qu'un tas de petits grains de matière.

Les fluides, foit parfaits, foit imparfaits, ont de l'adhérence ou du moins peuvent en avoir. Quoique leur attraction mutuelle foit très-foible & ne puiffe pas l'emporter fur leur pefanteur, rien n'empêche qu'elles ne jouiffent d'une affinité affez grande avec certains corps, qu'elles ne s'y attachent & n'y tiennent même avec une certaine force. Les fluides qui font en même temps liquides, ne le font & ne font diftingués des autres fluides parfaits, que parce qu'ils jouiffent à un certain point de cette adhérence, que parce qu'ils peuvent rendre humides les corps qui les touchent, c'eft-à-dire, s'attacher à leurs furfaces.

La caufe principale de l'adhérence eft la même que celle de la cohérence ; elle n'eft autre chofe que la vertu attractive des parties des corps : ce n'eft cependant pas leur attraction mutuelle, mais leur affinité avec les fubftances qui peuvent les toucher : mais, de même que la vertu attractive des parties des corps n'eft pas la feule caufe de la cohérence, elle ne régit pas feule l'adhérence.

Plus les fubftances peuvent préfenter aux corps dont elles s'approchent, des points qui puiffent entrer dans les creux, ou des cavités qui puiffent recevoir les reliefs ; plus elles peuvent s'engrainer, plus elles ont befoin, pour fe féparer, d'éprouver un frottement confidérable ; plus elles ont de l'adhérence, indépendamment de la caufe principale de cette propriété.

Nous avons vu la Nature accroître la cohérence des corps, par le moyen d'un gluten dont toutes les parties des corps font revêtues ; l'art augmente de même l'adhérence de deux fubftances l'une avec l'autre, par le moyen d'un gluten.

Il l'accroît même quelquefois au point que les deux fubftances ne font plus qu'un corps, & que l'adhérence eft changée en cohérence, comme, par exemple, lorfqu'il lie enfemble deux pierres par le moyen d'un ciment ou d'un mortier.

Les glutens ajoutent à l'adhérence, de même qu'ils accroiffent la cohérence, ou parce qu'ils augmentent le nombre des aspérités qui peuvent s'engrainer, ou parce qu'ils pénètrent plus facilement dans les vides des corps, ou parce qu'ils peuvent avoir avec les substances qu'on cherche à unir, plus d'affinité que ces mêmes substances n'en ont l'une avec l'autre. Comme les différens principes qu'ils renferment doivent faire varier leur affinité, ils doivent être plus ou moins bons, suivant qu'ils ont tous leurs principes, ou qu'ils en ont gagné ou perdu quelqu'un en entier ou en partie. Nous verrons particulièrement l'application de ce principe, lorsque nous traiterons de la chaux & des différens mortiers.

D'après les différentes raisons que nous venons de donner de l'influence des glutens sur l'adhérence, il est aisé de voir pourquoi ils ont plus ou moins de force, lorsqu'ils sont froids ou lorsqu'ils sont chauds, c'est-à-dire, lorsqu'ils sont plus ou moins susceptibles de prendre toutes sortes de formes, & qu'ils contiennent plus ou moins le principe de la chaleur.

Quelquefois ces glutens ne sont que différens fluides, ou pour mieux dire, différens liquides ; & quelquefois, en

employant

employant des glutens, on ne fait que diminuer l'adhérence au lieu de l'augmenter, soit qu'alors les glutens effacent en quelque sorte les rugosités des substances, ou qu'ils aient avec les deux corps une affinité inférieure à l'attraction mutuelle de ces mêmes corps. M. Muschenbroeck & d'autres physiciens ont fait plusieurs expériences sur l'adhérence des corps & sur l'augmentation qu'elle pourroit recevoir des différens glutens : nous avons commencé d'en faire aussi sur le même sujet ; on les trouvera dans les articles particuliers qui concerneront les substances éprouvées.

CONCLUSION.

Nous ne saurions assez inviter les physiciens à rechercher l'effet des différens glutens sur toutes les espèces de corps ; à établir les lois de leur action, suivant la masse, le volume, &c. des substances ; à inventer de nouveaux cimens, soit pour des corps différens qu'on chercheroit à lier, soit pour des corps semblables qu'on voudroit joindre, ou des parties séparées qu'on chercheroit à réunir quels services ne rendroient-ils pas au arts & à la science ! Ces expériences, ¿

celles que nous avons indiquées relativement à la cohérence & à la fermeté des diverses substances, sont ce dont les physiciens doivent s'occuper dans ce moment-ci, relativement à l'objet de cet article.

C'est par le moyen des expériences que je viens de proposer, & dont on trouvera plusieurs dans le cours de cet ouvrage, que l'homme pourroit parvenir à produire à son gré presque tous les corps, à les faire renaître de leurs débris qu'il réuniroit, à en augmenter la grandeur ou l'éclat en les joignant plusieurs ensemble, & qu'ainsi, en imitant le procédé de la Nature, il pourroit non-seulement remplacer les forces de cette Nature puissante, mais même quelquefois les surpasser.

Telle est la véritable destination des arts, tant de ceux d'agrément que des arts utiles ; de rapprocher les beautés de la Nature ; de les faire ressortir l'une par l'autre ; d'empêcher que les produits trop nombreux de sa fécondité ne la voilent & ne l'étouffent ; de multiplier ses effets, d'ajouter à sa puissance, en réunissant ses forces divisées, de l'imiter du moins en lui donnant une nouvelle forme, ou

pour mieux dire en tranſportant la forme d'un corps à un autre : car l'homme
ne peut rien créer, il ne fait que combiner diverſement ce qui exiſtoit déja.
L'homme n'a reçu d'empire que pour
accroître , & non pour détruire : ſon
domaine ne lui appartient pas , il ne
peut qu'en jouir ; il ne doit jamais ni
le diminuer , ni l'affoiblir ; il ne com-
mande à la Nature que pour ajouter à ſa
magnificence , & non pas pour retrancher de ſes productions. Qu'il ne la dégrade jamais en rappetiſſant les êtres ,
en les privant de leurs ornemens , & en
en diminuant le nombre ; que jamais il ne
mutile ſes ouvrages & ne les contraigne
à recevoir des formes bizarres ; qu'il ne
faſſe jamais ſuccéder aux plans ſublimes
de cette belle Nature , les petites idées
de ſon eſprit livré à lui-même. Et quel
plaiſir retireroit-il de l'exécution de ſes
capricieux deſſeins ? Un froid conten-
tement , une vaine ſatisfaction qui ne
dureroit qu'un inſtant. Abſtraction faite
des choſes infinies , de la découverte des
vérités & de leur contemplation , l'homme
n'a de vrais rapports qu'avec les ouvrages de la Nature ; il ne peut être touché
que de leurs charmes ; les produits bizar-

res de fon imagination ne l'émouvront jamais ; les beautés naturelles, les fentimens naturels & leurs images peuvent feuls agir fur fon ame, la remuer vivement, l'agiter fans ceffe, exercer fes facultés dans toute leur plénitude, & lui donner le bonheur auquel elle eft deftinée.

A Paris, le 4 mai 1782.

TABLE DES CHAPITRES

Contenus dans le premier Volume.

Fin de la Table du premier Volume.

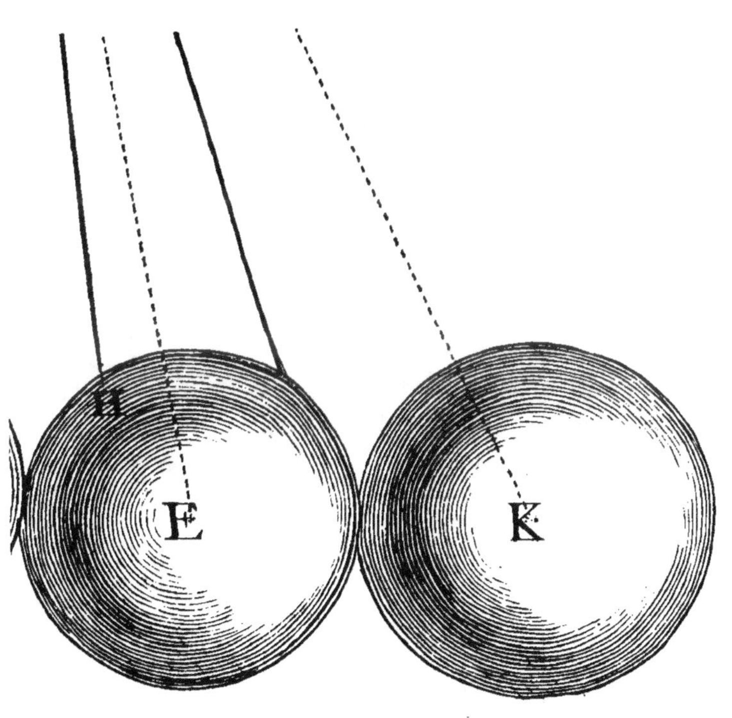
H
E
K

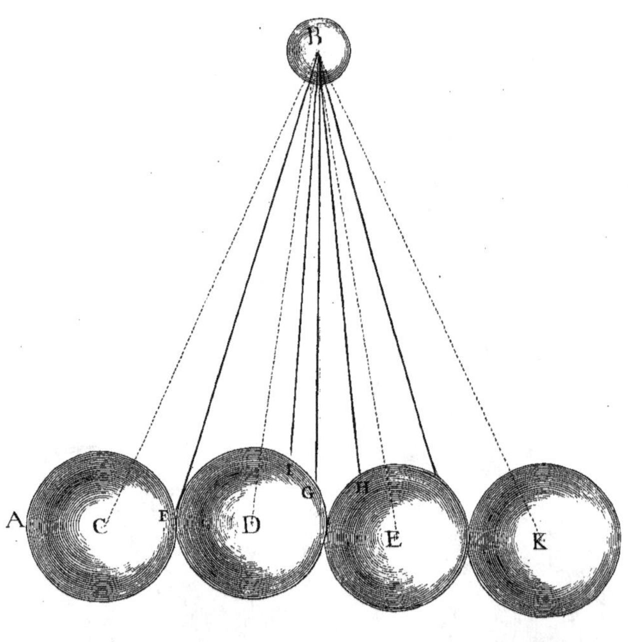
B
A
C
F
D
I
G
H
E
K

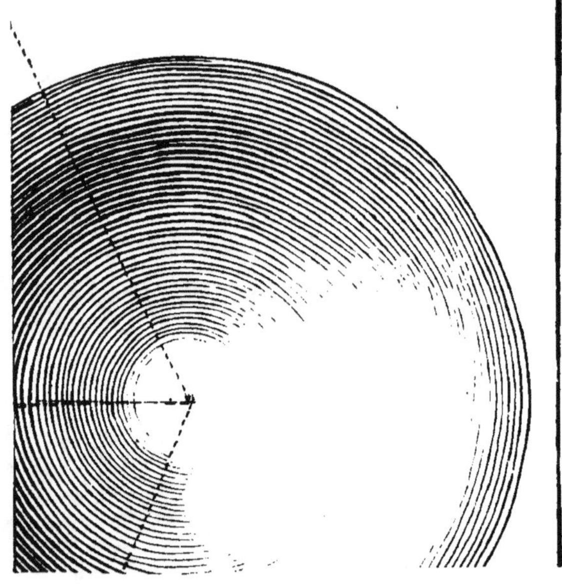

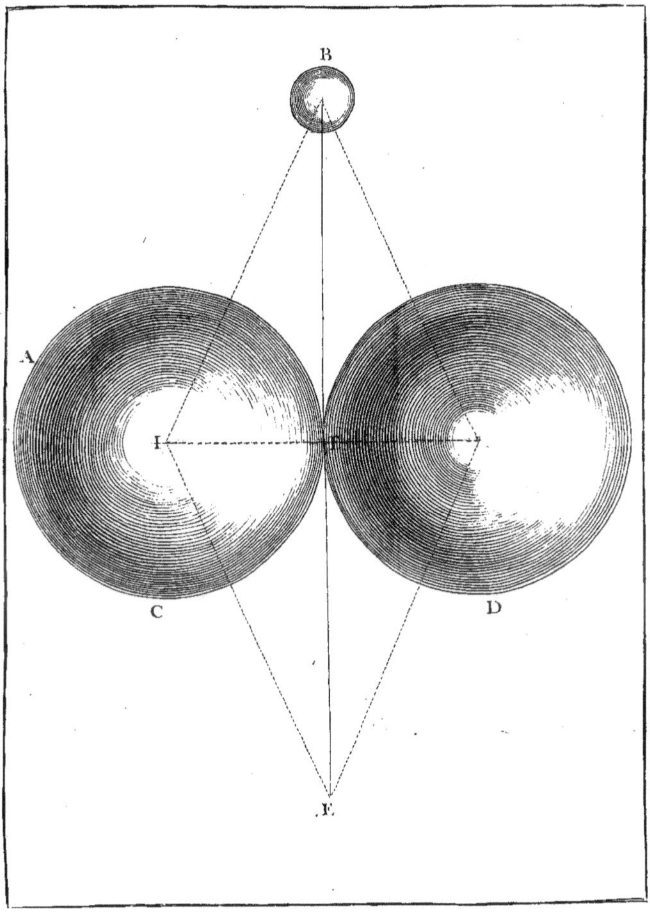

B
A
I
F
C
D
E

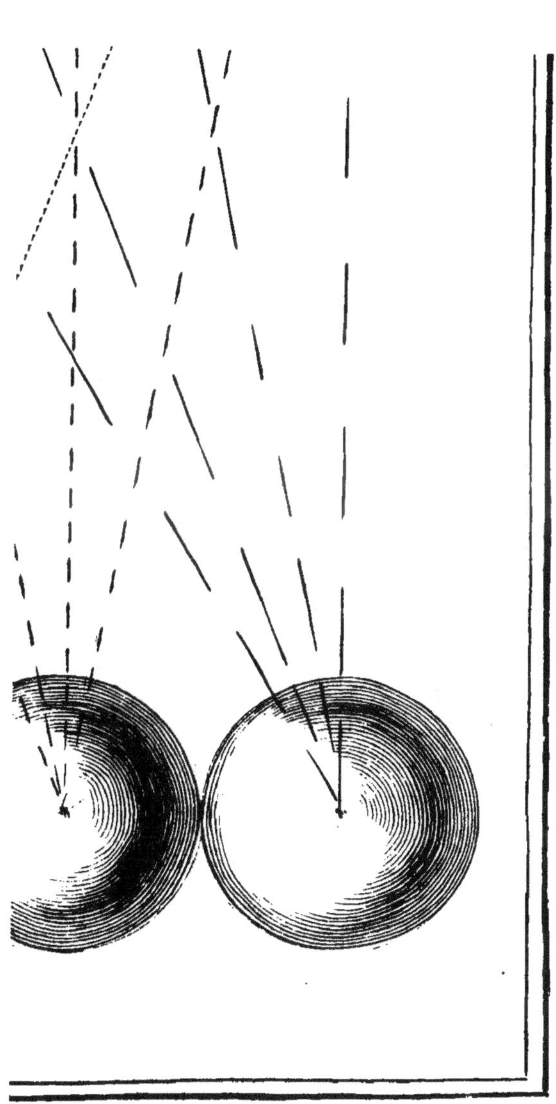

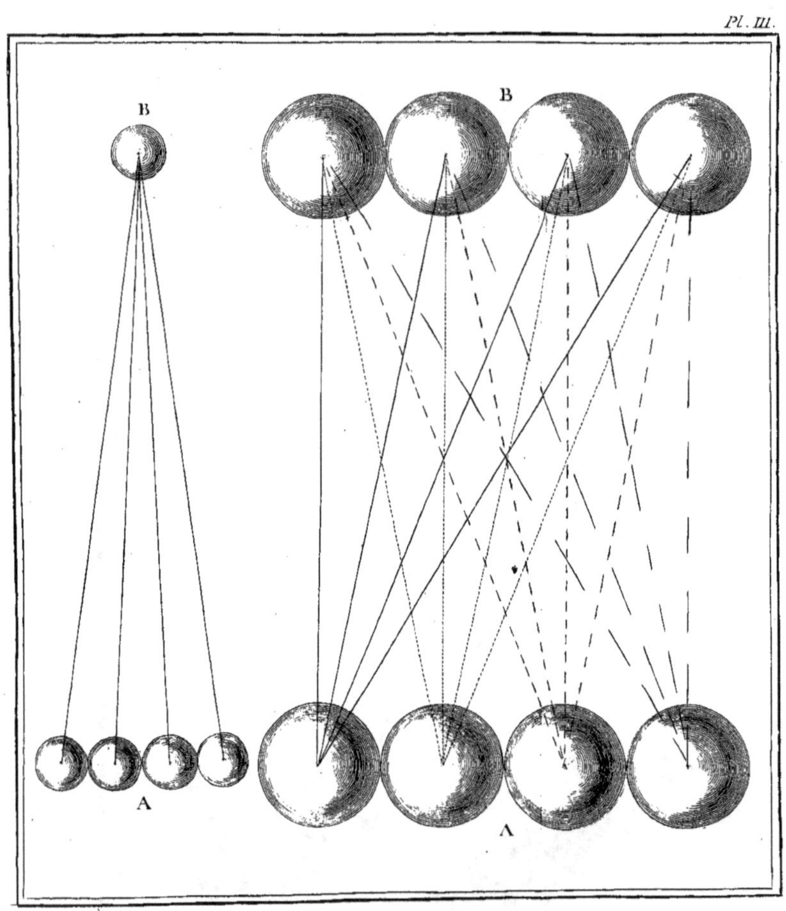
Pl. III.
B
B
A
A

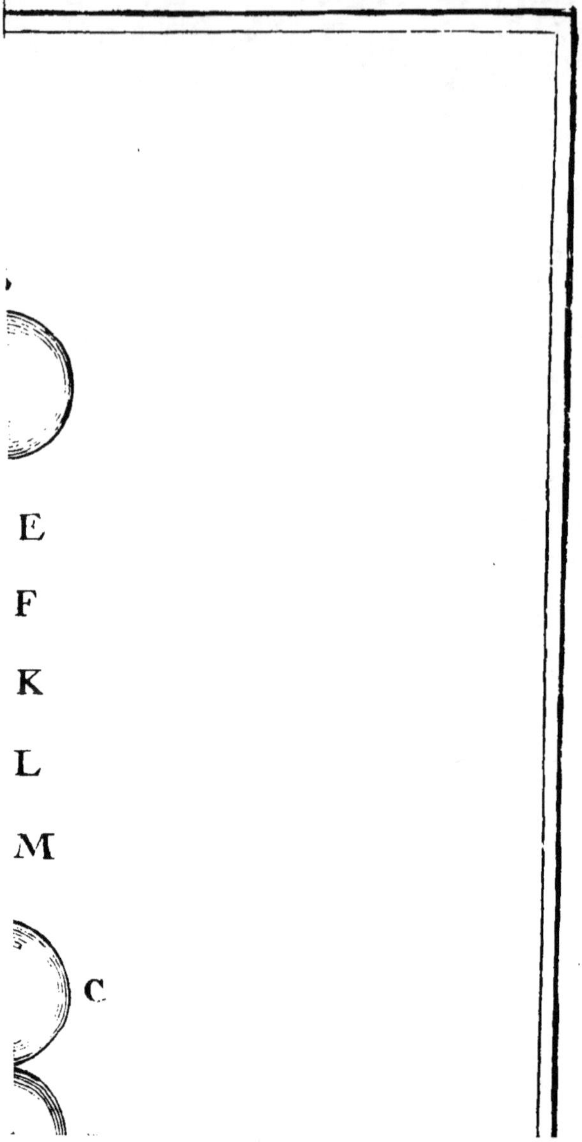

E
F
K
L
M
C

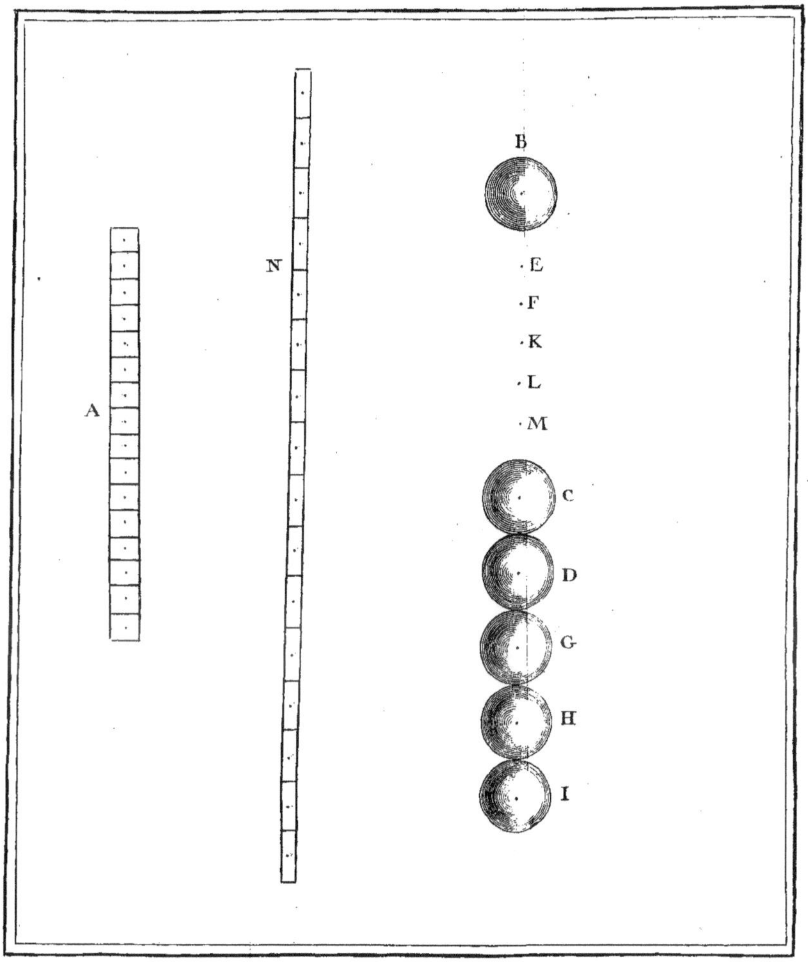

A

N

B

E

F

K

L

M

C

D

G

H

I

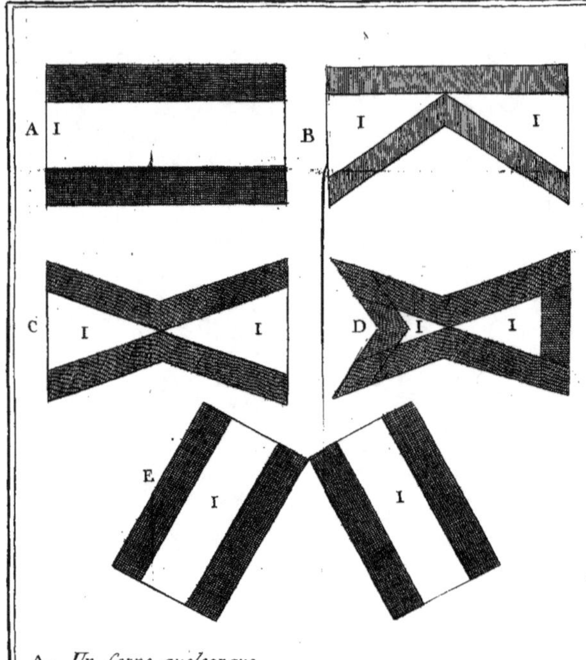

A. Un Corps quelconque.

B. Ce même Corps comprimé d'un Côté.

C. Ce même Corps comprimé de deux Côtés.

D. Ce même Corps comprimé de trois Côtés.

E. Ce même Corps plié.

I. Pore ou intervalle.

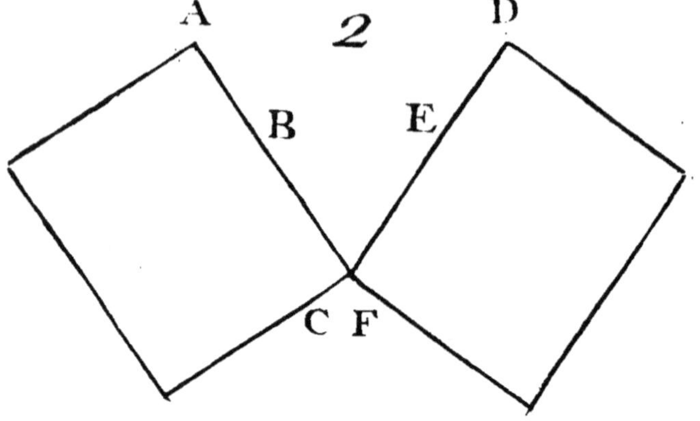
A
2
D
B
E
C F
A D
B E

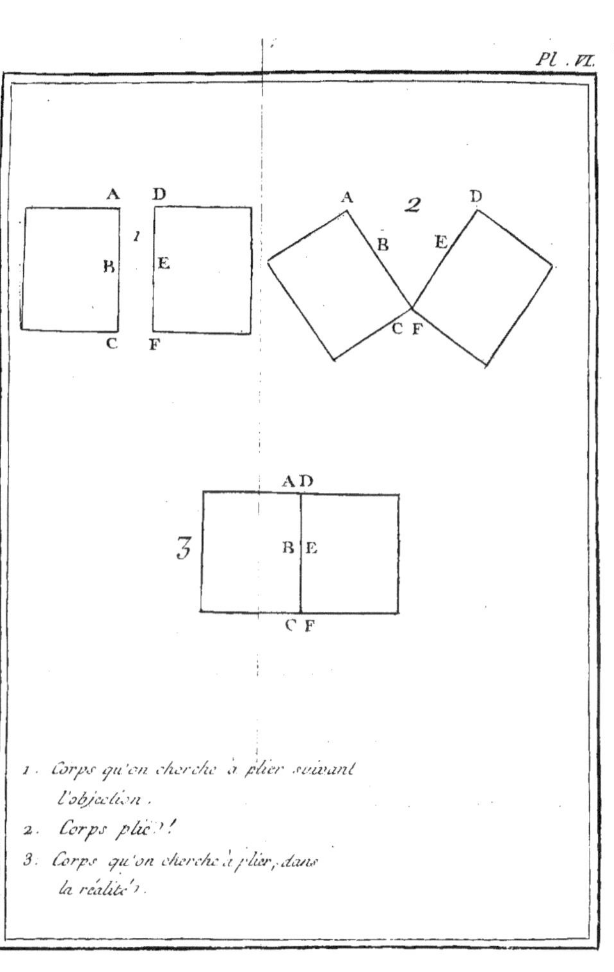

1 . Corps qu'on cherche à plier suivant
   l'objection .

2 . Corps plié !

3 . Corps qu'on cherche à plier, dans
   la réalité .